# 로봇 제작학교

로봇 만들기

저자 | Kadota Kazuo(門田 和雄)
그림 | Nakanishi Takahiro(中西 隆浩)
역자 | 홍선학

BM 성안당

# 로봇 제작학교

로봇 만들기

Original Japanese edition
RoboBooks Robot Souzoukan
By Kazuo Kadota
Copyright ⓒ 2006 by Kazuo Kadota
Published by Ohmsha, Ltd.
This Korean Language edition co-published by Ohmsha, Ltd.
and SUNG AN DANG Publishing Co.
Copyright ⓒ 2006
All rights reserved.

All rights reserved. No part of this publecation be reproduced, stored in
a retrieval system, or transmitted, in any form or by any means, electronic, mechanical,
photocopying, recording, or otherwise, without the prior written permission of the publisher.

이 책은 Ohmsha와 성안당의 저작권 협약에 의해 공동 출판된 서적으로,
성안당 발행인의 서면 동의 없이는 이 책의 어느 부분도 재제본하거나 재생 시스템을
사용한 복제, 보관, 전기적, 기계적 복사, DTP의 도움, 녹음 또는 향후 개발될
어떠한 복제 매체를 통해서도 전용할 수 없습니다.

# 들어가는 글

로봇을 만들어보고 싶다.
로봇 콘테스트에 참가하고 싶다.
이런 마음은 간절하지만 로봇 제작에 관한 지식이 부족하다.

로봇 만드는 방법을 누군가에게 가르쳐보고 싶다.
로봇 콘테스트를 개최해보고 싶다.
기계나 전기에 관한 지식은 있지만, 어떻게 가르쳐야 좋을지 모르겠다.

이 책은 이러한 생각을 갖고 있는 분들을 위해 집필된 로봇 제작 입문서이다. 마치 대상이 둘인 것처럼 생각될지도 모르지만, 가르치는 것은 곧 배우는 것이기도 하다. 따라서 양쪽의 시점에서 탐구해 가는 것은 매우 중요하다.

어떤 것이라도 새로운 것을 시작하고자 할 때에는 첫 걸음을 어떻게 내딛을지 몰라 망설이게 되는 경우가 많다. 로봇을 만들고 싶다는 생각에 갑자기 수식이 가득한 로봇 공학 책을 읽는다고 해서 로봇을 금방 제작할 수 있는 것은 아니다.

우선은 간단한 것이라도 좋으니까 자신의 손을 움직여서 직접 무엇인가 만들어보자. 모든 것은 여기서 시작된다. 그 과정에서 여러 가지 시행착오가 있겠지만, 그러한 가운데 만드는 즐거움을 실감하게 될 것이다.

이 책은 로봇 제작 학교라는 곳에서 로봇 초보자들의 다양한 로봇 만들기를 통해 기계나 전기, 그리고 공작의 기초적인 지식이나 기능을 배울 수 있도록 구성되어 있다. 등장하는 로봇은 초보자의 로봇 콘테스트용 로봇에서부터 금속 가공이나 제어를 하는, 다소 수준이 높은 휴머노이드 로봇까지 다양하다. 읽는 것만으로도 즐거울 수 있도록 등장 인물의 대화에 신경을 쓴 만큼 로봇 만들기를 통해 인간의 모습 등도 느낄 수 있기를 바란다.

Kadota Kazuo(門田 和雄)

# 차례

▍프롤로그 ·········································································· 7

## 제1장 신입생 로봇 콘테스트 개최

1. 로봇 공작 입문 ··························································· 12
2. 로봇 제작 스타트! ······················································· 18
3. 선배에게 질문하기 ① ···················································· 19
4. 선배에게 질문하기 ② ···················································· 22
5. 선배에게 질문하기 ③ ···················································· 25
6. 선배에게 질문하기 ④ ···················································· 28
7. 로봇 제작 2일째 – 메커니즘 구상하기 ····························· 31
8. 선배에게 질문하기 ⑤ ···················································· 36
9. 선배에게 질문하기 ⑥ ···················································· 39
10. 로봇 조립! ······························································· 41
11. 첫 번째 조종! ·························································· 46
12. 선배에게 질문하기 ⑦ ················································· 50
13. 로봇 완성! ······························································· 54
14. 로봇 제작 3일째-최후의 전력투구 ································ 56
15. 신입생 로봇 콘테스트 개최 ········································· 58
16. 신재·진일 팀의 첫 번째 도전! ······································ 62
17. 치열한 1회전 최종 시합 ············································· 66
18. 준결승 ····································································· 69
19. 운명의 결승전 ·························································· 77

**칼럼** 링크와 캠 ······························································ 80

## 제2장 2학년 수업 견학하기 – 로봇 설계와 나사

1. 수업의 주제는 '나사' ································· 83
2. 나사의 기초 ········································· 86
3. 로봇의 나사 ········································· 89

**칼럼** 캘리퍼와 마이크로미터 ·························· 97

## 제3장 '대 로봇 축제' 견학하기 – 가을축제

1. 로봇 VS 인간의 축구 대결 ··························· 101
2. 에도시대의 자동 인형 ······························· 104
3. LEGO 로봇 ········································· 110
4. 수수께끼 게 로봇 ··································· 114
5. '대 로봇 축제' 로봇 콘테스트 ······················· 118
6. 2학년 경기 ········································· 120
7. 3학년 경기 ········································· 123

**칼럼** 로봇 학교의 교육과정 ·························· 128

## 제4장 이족 보행 로봇 만들기

1. 도우미 등장 ········································ 133
2. 재료 선택이 우선! ·································· 137
3. 상당히 편리한 NC 프레스기 ·························· 141
4. 발로 밟는 프레스 등장 ······························ 146
5. 굽힘 가공 ··········································· 149
6. 터릿 펀치 프레스란? ································ 155
7. 로봇 완성! ········································· 157

**칼럼** 이족 보행 로봇의 연구 ·························· 159

# contents

## 제 5 장 시내 공장에서 현장 실습하기
1. 시내 공장에서의 현장 실습 ·········· 163
2. 도면 그리기 ·········· 167
3. 가공 계획 세우기 ·········· 171
4. 기본 가공의 실제 ·········· 176
5. 보다 입체적인 가공 ·········· 183
6. 위대한 교수 등장 ·········· 187

**칼럼** 정육면체 제작 ·········· 191

## 제 6 장 4학년 수업 견학하기 – 공기압 시스템의 제어
1. 공기압 시스템의 기초 ·········· 195
2. 공기압 실린더의 구조 ·········· 201
3. 제어란? ·········· 208
4. 시퀀서의 역할 ·········· 212
5. 시퀀스 명령의 기본 ·········· 214
6. 시퀀스 제어의 실용 회로 ·········· 217

**칼럼** 로봇 제작 학교의 유래 ·········· 222

▎에필로그 ·········· 223
▎찾아보기 ·········· 225

# 프롤로그

**입학식 제6회 로봇 제작 학교**

로봇 제작 학교

이 모형 항공기라면 당연히 합격이라고.

내 미니 4륜차도 만만치 않을 걸.

**입학시험 면접장소**

이것은 자동 달걀 프라이 로봇입니다. 저는 이것을 제작하면서 물건 만드는 것에 더욱 흥미를 갖게 되었습니다.

오호, 훌륭하네요.

# 제1장

## 신입생 로봇 콘테스트 개최

로봇 제작 학교는 로봇을 좋아하는 청소년들이 전국에서 모여 중·고등 교육 과정을 습득하는 곳입니다. 이 학교에서는 로봇을 교육 과정의 핵심에 놓고, 기계·전기에 관한 지식과 기술을 배우게 하여, 21세기에 활약할 수 있는 로봇 기술자를 육성하는 것을 목표로 하고 있습니다. 이 학교에서 진행하는 다양한 이벤트 중에서 학생들이 가장 기대하고 있는 것은 교내에서 개최되는 로봇 콘테스트입니다. 그 중에서도 신입생이 입학식 다음날부터 꼬박 3일간 연속해서 치르게 되는 '신입생 로봇 콘테스트'는 신입생뿐만 아니라 학교 전체의 관심을 통째로 받고 있는 빅 이벤트입니다. 먼저 그 모습을 살펴보겠습니다.

### 이 장의 주요 등장 인물

신재    진일    연호 선배    유명한 교수    위대한 교수

# 신입생 로봇 콘테스트 규칙

[경기 내용]
- 경기 필드 위의 탁구공을 모아 자신의 득점 존에 넣으면 득점이 됩니다.
- 경기 시간은 2분. 두 팀에 의한 대전 형식으로 총 득점수가 많은 쪽이 승리합니다.

[경기 필드]
- 경기 필드는 가로 2,000mm×세로 1,200mm로 외벽의 높이는 70mm입니다.
- 득점 존에는 1점 존과 4점 존이 있으며, 4점 존은 각각 상대의 1점 존 안에 위치해 있습니다.
- 1점 존은 가로 400mm×세로 400mm이며 벽의 높이는 50mm. 4점 존은 가로 200mm×세로 200mm이며 벽의 높이는 200mm로 되어 있습니다.

[탁구공]

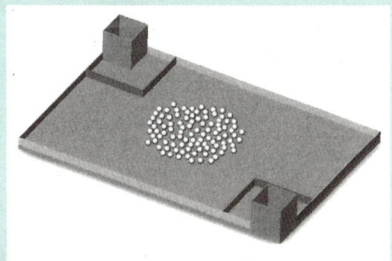

- 지름은 38mm이며 경기 시작 시 필드의 거의 중앙에 100개가 배치됩니다.
- 경기 중에 필드 밖으로 나간 공은 경기 종료시까지 되돌려 받을 수 없습니다.

[로봇]
- 로봇은 경기 시작 시에는 가로 400mm×세로 400mm(높이는 자유)의 틀에 들어가는 크기로 합니다. 단, 경기 시작 후라면 전개·신축 등에 의해 상기 사이즈 이상이 되어도 괜찮습니다.
- 조종은 ON-OFF-ON의 조종 스위치를 사용하며, 준비된 모터를 4개까지 사용할 수 있습니다.
- 전원의 전압은 5V를 원칙으로 하며, 준비된 직류 전원 장치를 사용합니다.

[재료]
○ 창고나 재료 두는 곳에 준비되어 있는 재료
  - 전기 모터, 각종 기어 박스, 타이어, 무한궤도, 풀리, 체인, 각종 나사, 링크 봉(플라스틱제, 금속제)
  - 알루미늄판, 철판, 플라스틱판, 목재, 두꺼운 종이 등
○ 이것 외에도 집에 있는 것 중 사용하지 않는 재료나 페트병, 빈 깡통 등의 재활용 재료를 사용해도 됩니다.

[기타]
- 로봇은 골 가운데나 벽 위를 포함해 필드 위 어디든지 이동해도 상관없습니다.
- 필드 밖으로 나갔을 때는 반칙으로 판단하며, 고의로 한 경우에는 실격으로 처리합니다.
- 상대 골에 뚜껑을 덮는 등 득점을 방해하는 것은 괜찮지만 고의로 상대의 기구나 필드, 탁구공을 망가뜨리는 행위는 금지합니다.
- 2대 이상의 로봇을 만드는 것은 상관없지만, 그 경우에도 사용할 수 있는 모터 수는 1팀에 총 4개까지입니다.

제 · 1 · 장 · 신 · 입 · 생 · 로 · 봇 · 콘 · 테 · 스 · 트 · 개 · 최

# 1 로봇 공작 입문

신입생 여러분, 로봇 제작 학교에 입학한 것을 축하합니다!

이곳은 학교 안에서 가장 큰 작업장인 '공작관'. 어제의 엄숙한 입학식과는 완전히 다른 분위기로, 오늘 오리엔테이션은 매우 편안한 분위기에서 진행되고 있습니다.

여러분, (로봇 콘테스트) 규칙을 확실히 읽어 왔죠? 그럼, 곧바로 설명으로 들어갑니다. 모르는 것이 있으면 망설이지 말고 질문해 주세요.

한차례 선배들의 설명이 끝나자, 신재를 비롯한 신입생들은 이제부터 치르게 될 로봇 콘테스트의 모습을 대략 짐작하게 되었습니다. 이어 실물 부품을 직접 보고, 작년의 영상을 보게 되자 빨리 만들어보고 싶다는 생각이 간절해졌습니다.

오전에 들은 설명에서 신재가 기록한 메모의 일부를 들여다봅시다.

### 1. 스위치

사용하는 스위치 수를 '채널'이라고 한다. 이 경우 스위치가 4개 있으므로, 4채널 컨트롤러라고 한다.

ON-OFF-ON 전환 스위치란 그것에 접속한 전기 모터를 정전·역전할 수 있는 스위치를 말한다. 타이어를 정전·역전시킬 수 있다면 로봇은 전후로 움직일 수 있게 된다. 게다가 좌우의 타이어를 각각 움직이게 하면 로봇은 좌우로 꺾일 수 있다. 즉, 로봇이 자유로운 방향으로 나아갈 수 있게 하기 위해서는 정전·역전이 가능한 2개의 모터가 필요한 것이다.

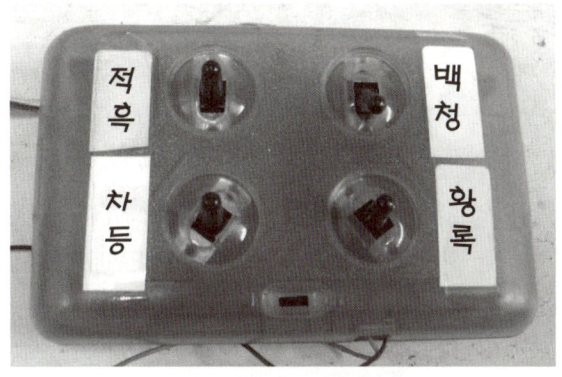

▲ 그림 1-1 4채널의 컨트롤러

그러므로 사용할 수 있는 4개의 모터 중 2개는 로봇을 달리게 하는 데 사용하고, 남은 2개의 모터로는 탁구공을 모아 골인시키도록 해야 한다.

## 2. 전기 모터와 기어 박스

사용하는 모터는 미니 4구동 등에서도 많이 봤던 것이다. 이번에 사용하는 모터는 소형 모터로 유명한 미니 로봇 FA-130형이지만 미니 4구동에서는 성능이 좀 더 좋은 것을 사용해본 적이 있다.

또한 기어 박스도 전에 사용해본 적이 있어서 회전수나 기어비 등도 알고 있다. 그래도 선배들이 여러 가지 가르쳐줄 테니까 모르는 것은 자세히 물어봐야겠다.

▲ 그림 1-2 전기 모터

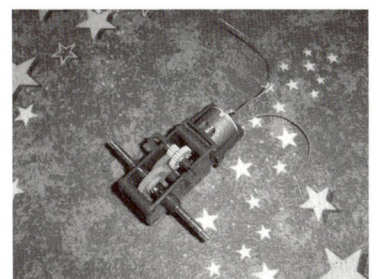

▲ 그림 1-3 기어 박스

## 3. 링크 봉

작년에 출품된 로봇들을 봤는데, 모든 로봇이 공을 건져 운반하는 부분에는 기어 박스의 축에 빨강이나 파란 플라스틱제의 봉을 붙여 사용하고 있었다. 그 중에는 금색이나 은색으로 된 금속제의 봉을 사용한 것도 있었다. 이것들을 잘 조합하여 움직이게 하면 좋을 것 같다.

링크 기구라고 하는 이러한 메커니즘에도 수식을 사용하는 이유는 여러 가지인 것 같다. 수학은 잘 못하지만 로봇을 만드는 데 도움이 된다면, 이것도 선배들에게 물어봐야 겠다.

▲ 그림 1-4 링크 봉

사용할 부품에 대한 설명 다음에는 가공법에 대한 설명이 이어졌습니다.

공구의 성능을 충분히 발휘하기 위해서는 사용법을 올바르게 숙지하고 있어야 합니다. 또한 공작 기계는 잘못 사용할 경우 바로 큰 사고로 이어지기 때문에 안전면에서 아무쪼록 주의해야 한다는 말을 선배들에게 몇 번이나 들었습니다.

이번 대회에는 본격적인 기계 가공인 선반 가공이나 프레이즈반 가공, 용접 등은 하지 않는다고 들었는데, 이런 것들이 진열된 방을 견학하는 것만으로도 신재는 이런 기계를 빨리 사용할 수 있게 되었으면 좋겠다고 생각했습니다.

이번 대회에서 사용할 수 있는 공구나 공작 기계는 다음과 같습니다.

## 1. 재료를 자르고 싶을 때

목재는 톱이나 실톱으로 절단할 수 있습니다. 또한 전동 실톱도 준비되어 있는데, 두께 1cm 정도의 목재나 플라스틱에는 이것을 사용할 수 있습니다.

금속봉은 금속용 톱으로 자를 수 있습니다.

이번에 사용할 금속판은 알루미늄이 대부분이지만, 이를 자르기 위해서는 발로 밟는 절단기를 사용해야 합니다. 이건 매우 위험한 기계이므로 특히 조심하여 다뤄야 합니다.

금속을 구부리고 싶을 때는 수동의 유압 프레스기를 사용하면 간단하게 금속판을 구부릴 수 있습니다.

## 2. 구멍을 뚫고 싶을 때

나사 조임 시 초벌 구멍을 뚫을 때는 소형 볼반을 사용합니다. 사용할 수 있는 드릴의 지름은 6mm까지입니다. 또한 수동으로 회전시키는 핸드 드릴도 간단하게 목재에 구멍을 뚫을 수 있으므로 편리합니다.

이번에는 다수의 구멍이 뚫려 있는 새로운 알루미늄판이 준비되어 있습니다. 이는 지름 3mm의 나사를 그대로 사용할 수 있으므로 편리하겠죠?

## 3. 나사 조임

M3, 4, 5, 6의 나사가 길이 5, 10, 15, 20mm를 중심으로 갖추어져 있습니다. 여기서 기호 M은 나사의 굵기를 나타내며, 그대로 '엠' 이라고 읽습니다.

물론, 너트도 함께 준비되어 있습니다. 와셔나 좌금(똬리쇠) 등도 있으므로 용도에 맞게 사용하기 바랍니다.

▲ 그림 1-5 나사가 정리되어 있는 서랍

그 외에 준비되어 있는 공구로는 드라이버와 라디오 펜치, 니퍼, 가위, 송곳, 자, 인두 등이 있습니다. 또한 접착제, 테이프, 풀, 실, 고무 밴드 등의 소모품도 준비되어 있습니다.

여기에는 로봇 제작에 필요한 모든 것이 구비되어 있구나. 생각한 대로 훌륭한 환경에서 로봇 만들기에 몰입할 수 있을 것 같아!

여기서, 로봇 콘테스트에 임하기 위한 대략적인 흐름을 정리해 봅시다.

먼저, 처음으로 어떤 로봇을 만들 것인지 분명히 정해야 합니다. 로봇 콘테스트의 경우 정해진 룰 속에서 득점할 수 있는 로봇을 만들어야 합니다.

어떤 로봇을 만들 것인지 정했으면, 그것을 스케치로 나타내봅시다. 앞으로 함께할 친구들과 의논하여 만들고자 하는 공통된 로봇상을 생각하는 것! 이것이 모든 일의 출발점입니다.

스케치가 되었으면, 다음은 자나 컴퍼스를 사용하여 제도를 해야 합니다. 제도에는 전체도와 각각의 부품별로 나타낸 부품도가 있습니다. 모두 '삼각법'이라는 방법으로 나타내는 것이 일반적입니다.

삼각법(三角法)이란 입체적인 것을 정면·평면·측면의 세 방향에서 본 그림으로 나타내는 것으로, 세계적으로 대부분의 도면이 이 방법으로 그려지고 있습니다.

실제로는 처음에 그린 도면대로 로봇이 완성되는 일은 거의 없고, 도중에 다양한 수정 작업을 거쳐 개량됩니다.

그러나 최초에 도면을 그려 두는 것과 그렇지 않은 것과는 최종적으로 소요되는 시간이 크게 차이가 납니다. 로봇 제작이 처음인 초보자들의 경우 처음의 도면을 가볍게 여겨 바로 공작으로 들어가는 경향이 있는데, 처음 도면이 매우 중요하다는 것을 명심하고 제작에 임해야 합니다.

또한 도면을 그리다 보면, 도중에 설계나 공작에 관한 여러 가지 일들이 머릿속에 떠오르게 될 것입니다.

첫째는 '이 부분은 금속이 좋을까, 목재가 좋을까? 아니면 두꺼운 종이로 충분할까?' 등 재료 선택에 관한 문제들입니다. 그것을 결정하기 위해서는 재료에 드는 힘을 계산해서 구하는 일이라든지 공작의 수순을 이해해 두어야 합니다.

둘째는 모터나 톱니바퀴, 축수, 벨트, 체인 등 기본이 되는 기계 부품에 대해 이해해두는 것입니다.

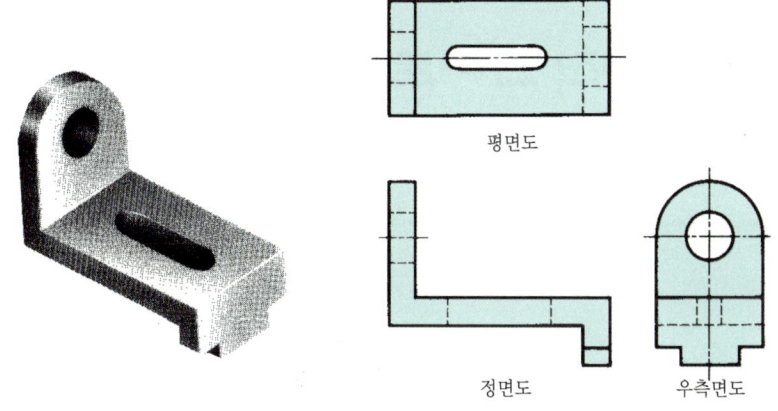

▲ 그림 1-6 삼각법으로 그린 도면

 셋째는 '로봇을 무엇으로 움직일 것인가?'에 관한 문제입니다. 이번에는 새로 정해진 전기 모터를 사용해야 하기 때문에 그 특성을 이해해두는 것이 좋습니다. 그러한 제약 없이 자신만의 오리지널 로봇을 만들고자 하는 경우에는 이 부분부터 스스로 생각해야 합니다.
 넷째는 로봇의 조종 방법에 대한 문제입니다. 컨트롤러가 새롭게 준비되어 있는 경우도 있지만 자신이 제작하는 경우도 있습니다. 따라서 전기 회로에 관한 기본적인 지식과 부품을 인두로 붙이는 기능을 익혀두어야 합니다. 배선 작업을 할 때에는 벗겨진 금속 도선끼리 접촉된다거나 금속 부품과 접촉되지 않도록 주의합니다.
 어쩐지 어려울 것 같다고 생각할지도 모르지만 로봇을 만들어 조종해보고 싶다는 마음만 있다면 그에 관한 지식이나 기능을 배우는 것은 그다지 고생스럽지는 않을 것입니다.
 신재와 같은 신입생들도 이러한 것들은 아직 모릅니다. 앞으로 선배들에게 지도를 받으면서 익혀나가게 되는 것이죠.

제 · 1 · 장 · 신 · 입 · 생 · 로 · 봇 · 콘 · 테 · 스 · 트 · 개 · 최

## 2 로봇 제작 스타트!

오전에 진행된 오리엔테이션에 이어 오후부터는 드디어 로봇 제작에 들어갑니다. 이 '신입생 로봇 콘테스트'는 신입생끼리의 친목 도모를 위한다는 취지도 있기 때문에 2명이 한 대의 로봇을 제작하게 됩니다. 추천과 선택으로 신재와 짝이 된 것은 이진일. 신재와 같은 초등학교에서는 10명 정도의 학생이 이 로봇 제작 학교에 입학했는데, 진일은 옆의 초등학교를 다녔기 때문에 서로 초면입니다.

 잘 부탁해!

 나야말로 잘 부탁해. 함께 열심히 하자!

드디어 작업에 착수한 신재와 진일. 처음 1시간 정도는 두 사람이 종이에 스케치를 하면서, "이것도 아니고 저것도 아니야."하며 의논했습니다. 다른 그룹들도 마찬가지였습니다.

그러다가 여기저기서 재료를 구하기 위해 들어가는 그룹이 나타나게 되자 신재 팀은 조금 초조해지기 시작했지만, 아직 자신들이 만들 로봇의 구상을 끝내지 못한 상태입니다. 초조한 마음에 도중에 어정쩡한 상태에서 시작한다 해도 어쩔 수 없지만, 다시 한 번 전념하여 아이디어를 짜내기로 했습니다.

진일의 아이디어를 듣고 좋은 부분은 채용하고, 아무래도 자신의 아이디어를 넣고 싶은 부분은 그 좋은 점을 어필해서 진일을 납득시켰습니다. 그러한 일을 반복하면서 로봇의 개요를 정할 수 있게 되었습니다.

대략적인 스케치가 완성된 후 부품이나 메커니즘 상의 문제로 모르는 것이 나오게 되자 신재 팀은 선배들에게 조언을 듣기로 했습니다.

## 제 1 장 신입생 로봇 콘테스트 개최

# 3  선배에게 질문하기 ①

 선배님. 잠시 로봇 설계에 관해 물어보고 싶은 게 있는데요…….

 응, 뭐든지 물어봐도 좋아.

 로봇의 다리 회전 장치 때문에 그러는데 타이어와 무한궤도 중 어느 것이 좋을까요?

  신재는 초등학교 때 미니 4구동을 꽤 익숙하게 다뤄봤기 때문에 타이어는 자주 사용했었지만 무한궤도는 사용한 적이 없습니다. 그래서 그런지 무한궤도가 멋있게 보여 사용해보고 싶다는 생각이 들었습니다.
  선배는 '다리 회전 장치'라는 말을 들었을 때, 이러한 신재의 마음을 금방 알아차렸습니다. 실은 자신도 그랬었기 때문입니다.

 그래, 무한궤도를 별로 사용해본 적이 없을 거야. 무한궤도는 노면을 확실히 잡아주기 때문에 기민한 움직임이 가능해. 하지만 도중에 무한궤도가 빠질 수 있으니까 그 팽팽한 정도를 잘 조정해 주어야 해.

  선배는 "잠깐 기다려."라고 말하고는 어디에선가 무한궤도가 달린 로봇을 가져왔습니다.

 예를 들면 앞의 스프로킷이 우회전하면서 무한궤도를 돌리지. 그렇게 되면 위의 무한궤도와 밑의 무한궤도 중 어느 쪽이 세게 당겨질 거라고 생각해? 아아, 스프로킷이라는 것은 무한궤도에 회전을 전달하는 이 요철(凹凸)이 있는 둥근 부품을 말해.

▲ 그림 1-7 무한궤도가 장착된 로봇

 위라고 생각해요! 밑의 무한궤도는 당겨진다기보다는 밀리고 있다는 느낌이 들어요.

 말한 대로야. 그래서 밀려나고 있는 무한궤도가 도중에 늘어지지 않도록 할 필요가 있는 것이지.
　이 로봇을 잘 봐. 스프로킷(sprocket)이 3개가 있지? 이 3개 중에서 위에 튀어나와 있는 스프로킷은 무한궤도의 팽팽함을 크게 하기 위해 붙어있는 거야.

 아, 그런가요?

 이렇게 해두면, 도중에 무한궤도가 늘어지는 것을 막을 수 있을 거야. 하지만 무한궤도의 회전을 단시간에 몇 회씩이나 바꾸게 되면 어쩔 수 없이 벗겨져 버리는 일이 생기기 때문에 절대로 벗겨지지 않는다고는 할 수 없어.

　자전거의 체인도 때로는 벗겨지기도 하니까. 그래도 자전거는 역회전이 안 되잖아? 불도저 같은 무한궤도가 붙어있는 노란색 건설 차량도 그렇게까지 빈번하게 정전(正轉)과 역전(逆轉)을 반복하지는 않으니까. 좀 지나치지 않을까? 그러니 이번 로봇에 무한궤도를 사용하는 것은…….

 응, 그래. 그럼 무한궤도가 아니라 이번엔 타이어로 해볼까?

선배에게 질문하기 전에는 무한궤도를 사용해보고 싶은 마음이 간절했던 신재였지만 선배로부터의 조언과 진일의 의견을 듣고 있던 중 미니 구동에서도 지금까지 많이 사용했던 타이어로 하는 쪽으로 마음이 기울어졌습니다.

타이어를 가지러 재료가 있는 장소에 가는 동안 다른 그룹의 모습을 살짝 훔쳐본 바로는 타이어와 무한궤도의 비율은 약 반반 정도였습니다. 물론 아직 그 선택을 하지 않았거나 다른 부분부터 시작하고 있어서, 아직 어느 쪽인지 알 수 없는 팀도 있었지만…….

어느 쪽이 옳은 선택인지는 잘 모르겠지만 자신들은 이미 타이어로 하기로 정했습니다. 빨리 타이어를 가져올 생각에 재료가 놓인 곳에 도착한 신재였지만, 또다시 어려운 사태에 직면하고 말았습니다.

제 · 1 · 장 · 신 · 입 · 생 · 로 · 봇 · 콘 · 테 · 스 · 트 · 개 · 최

## 4 선배에게 질문하기 ②

어려운 사태란 다름 아닌 타이어의 종류가 생각보다 많다는 것입니다. 모양도 크기도 여러 가지이고, 게다가 고무로 된 타이어만 있는 것이 아니라 종이 같은 것으로 된 통모양의 타이어도 그 장소에 놓여 있었습니다. 이런 것도 타이어로 사용되는 것일까? 신재는 머리가 혼란스러워졌습니다.

▲ 그림 1-8 여러 가지 타이어

 저~, 타이어는 아무거나 사용해도 괜찮은가요?

 응, 아무거나 사용해도 좋아. 하지만 어떻게 사용하는 것들인지 알고 있니?

아니요, 잘 모르겠어요.

 그럼, 이 큰 타이어와 작은 타이어의 차이는 무엇인지 알겠니?

 미니 구동에서는 타이어의 크기가 모두 같았기 때문에 그런 건 생각해본 적도 없어요.

 그럼, 실험해보자. 어때? 어떤 차이점이 보이니?

선배는 어딘가에서 모터 2개를 가지고 와서는 그 축에 큰 타이어와 작은 타이어를 끼워 넣고 타이어를 회전시키기 시작했습니다.

 중심축이 똑같이 돌아도 큰 타이어는 바깥쪽이 빨리 도는 것처럼 보여요.

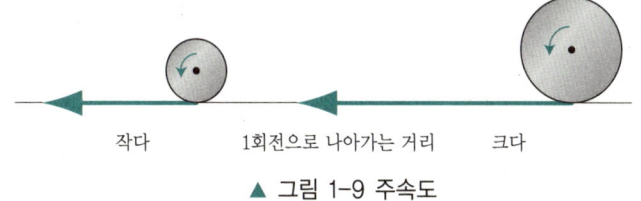 그렇지! 중심축이 같은 속도로 회전하고 있어도 1회전으로 나아가는 거리는 큰 타이어 쪽이 크지. 즉, 원주 부분에 주목해보면 지름이 큰 쪽이 빠르게 운동한다는 걸 알 수 있지. 이것을 주속도(周速度)라고 한단다.

▲ 그림 1-9 주속도

 아하, 그런 거구나.

 그렇지만 그걸 알아도 어느 것을 골라야 할지 모르겠어요.

그래, 실제로는 확실히 그렇지. 기본 중심부의 회전수는 어떤 모터에 어떤 기어 박스를 사용하느냐에 따라 정해지기 때문에 그것을 정하는 것이 먼저란다.

그것이 정해지면 큰 타이어 쪽의 주속도가 크니까 로봇을 빨리 움직일 수 있게 되지. 거꾸로 말하면 타이어가 작으면 주속도도 떨어져서 로봇을 움직이는 속도도 느려진다는 거야. 이것은 경기장의 크기에 따라서도 달라지는데, 좁은 곳을 아장아장 돌아다니며 걷고 싶다면 타이어는 작은 것이 좋아. 소회전(小回轉)이 유리하기 때문이지. 타이어가 크면 소회전이 안 되거든.

 그렇구나. 진일아, 그러면 타이어 크기는 어떻게 할까?

 소회전이 잘 되는 편이 좋으니까 일단 작은 것으로 하자. 속도는 기어 박스로 조정하면 되지 않을까?

 그래, 그렇게 하자.

## 5 선배에게 질문하기 ③

타이어가 정해졌어도 바로 그것을 모터에 직접 꽂아서 움직이게 하면 안 됩니다. 그 사이에 보통은 기어 박스를 조립해서 넣습니다. 왜 기어 박스가 필요할까요? 사실 신재도, 진일이도 그 이유에 대해서는 확실히 알지 못해, 또 선배에게 물어보기로 했습니다.

 저~, 기어 박스라는 것은 무엇 때문에 필요한가요?

 간단히 말하면 모터의 회전 속도를 떨어뜨리기 위해서야. 감속 장치라고도 하는데 어느 기계에나 장착되어 있다고 해도 좋을 만큼 중요한 거란다.

 어째서 일부러 회전 속도를 떨어뜨리나요?

 회전 속도는 회전력과 밀접한 관계가 있어.

 회전력이요?

 응, 기계를 움직이는 원동력이지. 회전하기 위한 힘을 말하는 거야. 토크(torque)라고 하면 이해하기 쉬우려나?

 토크라면 들어본 적이 있어요. 좀 더 자세히 알려주세요.

 잠깐 이쪽으로 와볼래? 여기에 두꺼운 종이로 만든 바람개비가 있는데 선풍기 바람을 쐬어보자.

선배는 선풍기에 스위치를 넣었습니다. 그러자 바람을 맞은 바람개비가 회전을 시작했습니다.

이 바람개비는 매우 빠르게 회전하고 있지만, 이렇게 손가락을 대면 간단히 멈춰버리지. 이것은 속도는 크지만 회전력(回轉力), 즉 토크(torque)가 작다는 거야.

그렇지만 세상에는 천천히 회전하는 것이라도 인간의 손가락으로는 어떻게 해도 멈추게 할 수 없는 것도 있지. 그런 것들은 회전 속도는 작지만 토크가 크다고 말한단다. 이제 조금은 감이 잡히니?

▲ 그림 1-10 선풍기 바람을 맞는 바람개비

네, 뭔가 조금은 알 것 같아요.

뭔가 조금은 알 것 같다는 것만으로는 곤란하지만, 뭐 괜찮아.
모터의 경우, 정격 전압(定格電壓)이라고 해서 몇 V로 움직였을 때 그 모터가 가장 좋은 성능을 발휘한다는 특성이 정해져 있어. 이번에는 그 모터에 5V의 전압을 주어 사용해보겠는데, 이대로 하면 축의 회전 속도가 큰 것에 비해 토크는 작아. 그래서 모터의 축에 타이어를 바로 연결시켜도 고속으로 회전은 하지만 로봇을 움직일 수는 없지.
회전수와 토크의 관계도 각각의 모터에 의해 달라지니까, 단순히 반비례의 관계에 있다고는 말할 수 없지만 간단히 말하면 회전 속도를 떨어뜨리면 토크는 커지지.

그것은 자동차의 엔진이 1분간 수천 번의 회전을 하고 있어도 타이어에 그 회전이 전달되기까지는 톱니바퀴나 체인 등으로 인해 크게 감속되는 것과 같은 건가요?

 엄밀히 구별한다면 조금은 다를지도 모르지만 언뜻 생각해서는 그것과 비슷하다고 할 수 있지.

 모터 그 자체만으로는 회전 속도가 큰 것에 비해 토크는 작기 때문에 기어 박스를 사이에 넣어 회전 속도를 떨어뜨림으로써 토크를 크게 하는 것이군요.

 바로 그거야! 그러니까 기어 박스를 만들 때에는 원래 축의 회전 속도에서 어느 정도 떨어뜨릴 것인지를 잘 생각해두는 것이 좋지.

  자, 기어 박스에 감속비의 수치가 쓰여 있지? 같은 기어 박스라 하더라도 톱니바퀴의 조립 방법에 따라 저속, 중속, 고속과 같이 몇 번이든 바꿀 수 있으니까 적절하게 사용할 수 있도록 해두는 것이 좋아.

  그건 그렇고, 지금부터 만들 로봇이 어느 정도의 회전 속도와 토크를 필요로 하는가는 지금 단계에서는 자세히는 모를 거라고 생각해. 최종적으로는 형태가 완성된 후에 미세 조정을 하게 된다고 생각하는데 말이야…….

 일단은 나중에 곧바로 속도를 바꿀 수 있는 상태로 만들어둬야겠네요.

 그래, 그게 좋을 것 같아.

  신재 팀은 일단 기어 박스 3개를 만들어두기로 했습니다.
  작업 종료 5시간 전. 겨우 기어 박스가 완성된 듯합니다. 먼저, 그 중 2개를 타이어에 연결함으로써 다리 회전 장치가 완성되었습니다. 전원 장치에 5V 전압을 넣어 타이어의 회전도 확인했습니다.
  기어비는 일단 중속으로 설정해놓고 경우에 따라서는 저속이나 고속으로 변경할 수 있도록 해두었습니다. 이로써 일단락되었습니다.
  그래도 지금까지 만들면서 생각하지 못했던 곳에서 고민한 일도 있었습니다. 먼저 기어 박스도 종류가 여러 가지였기 때문에 어떻게 사용하는지 몰랐던 것이죠.

## 6 선배에게 질문하기 ④

 저~, 기어 박스에도 여러 종류가 있는 것 같은데, 어떤 차이가 있나요?

먼저, 이게 기본이니까 이것을 사용해보는 것이 좋아. 이런 식으로 2개의 기어 박스가 붙어 있는 트윈 기어 박스와 2개를 따로따로 떼어 놓을 수 있는 것도 있어. 이것은 유성(遊星) 기어 박스로, 이해하기는 좀 어렵겠지만 이 유성 기어를 겹쳐 놓음으로써 기어비를 떨어뜨릴 수 있지. 설명서가 들어있으니까 그것을 읽어가면서 조립해봐.

▲ 그림 1-11 트윈 기어 박스

신재 팀은 타이어에는 보통 기어 박스를 1개씩 사용하기로 하고, 볼을 잡는 메커니즘용으로 유성 트윈 기어 박스를 1개 조립해서 붙이기로 했습니다.

기어 박스를 조립해서 붙일 경우 육각 렌치라는 공구로 작은 나사를 조이는 것도 알게 되었고, 이것에는 미니 네 바퀴에도 자주 사용했던 윤활제, 즉 기어의 회전을 부드럽게 하는 기름도 있어서 어쩐지 본격적인 공작 작업에 돌입하기 시작한 느낌입니다.

이제 내일은 볼을 잡는 부분으로 들어갈 수 있을 것 같아요.

이런 이야기를 하면서 신재와 진일이 공구를 정리하고 있을 때, 5시를 알리는 벨이 울려 신입생들은 다시 공작관으로 모였습니다.

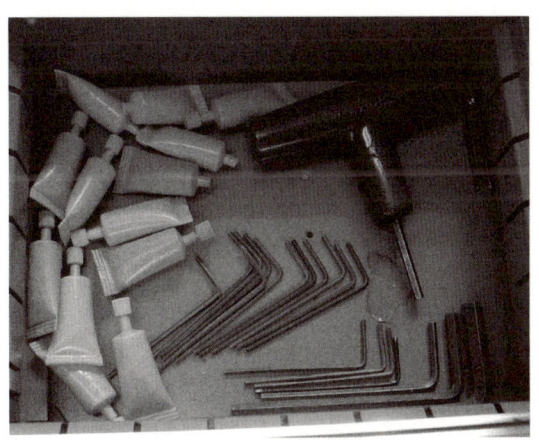

▲ 그림 1-12 육각 렌치와 윤활제

 수고했어. 오늘은 여기까지 하자.
　로봇을 만드는 방법에 대해 한 가지 조언을 해줄게. 모두들 여러 부분부터 제작에 들어간 것 같은데, 최초의 작업은 타이어나 무한궤도와 같은 다리 회전 장치 만들기와 볼을 잡는 메커니즘 만들기로 크게 2가지로 나눌 수 있어.
　어디서부터 먼저 시작해도 상관없지만 어떤 경우라도 모터의 회전에서부터 순서대로 생각해 나가는 것이 좋아. 특히 볼을 잡는 메커니즘 쪽은 볼에 닿는 부분만 주목하고 있다고 할 때, 그것을 움직이는 근원인 모터의 회전 운동과의 사이에서 안 맞게 되니까 주의해야 해.
　그럼, 내일도 파이팅!

　선배의 이야기를 듣고 신재와 진일은 자신들이 다리 회전 장치부터 만들어 가길 잘했다고 생각했습니다.

수고했어.

 그럼 내일 보자!

  그렇게 서로 인사를 주고받으며 각각 준비하러 가는 두 사람이지만 아직 설계가 마무리되지 않은 부분도 있어서 오늘밤은 쉽게 잠이 들 것 같지 않습니다.

제 1 장 신 입 생 로 봇 콘 테 스 트 개 최

# 7 로봇 제작 2일째-메커니즘 구상하기

작업 2일째를 맞았습니다. 로봇 제작 작업은 내일까지이고, 모레부터는 시합에 들어갑니다.

 신재야, 잘 잤니?

 어, 안녕! 그런데 탁구공을 잡는 메커니즘에 관해서 말인데, 집에 돌아가서도 여러 가지 생각해봤어. 역시 한 번에 많은 득점을 얻는 게 좋다고 생각해. 물론 4점을 노리고 말이야.

 나도 그렇게 생각했어. 그런데 너는 어떤 메커니즘을 생각해봤니?

 응, 커다란 동력삽같이 생긴 것을 붙여서 한 번에 많은 공을 집어넣은 후 얍! 하고 골을 넣는 거야.

 얍! 하고 말이지……. 그럼 그 메커니즘에 대한 아이디어를 말해봐.

타이어나 무한궤도 등을 사용해서 다리 회전 장치를 완성하고 나면 드디어 볼을 잡는 부분의 메커니즘을 생각해야 합니다. 이번에는 모터의 회전 운동을 어떻게 해서 볼을 나르는 운동으로 변환할까 하는 것이 아이디어의 일면입니다.

메커니즘을 구상할 때 기본이 되는 학문은 기계학입니다. 기계학 관련 책에는 4개의 봉을 조립해서 그 중 봉 하나에는 회전 운동을 시키고 다른 봉에는 요동 운동을 시키는 링크 기계나 계란형 등을 하고 있는 캠에 회전 운동을 시킴으로써 그것에 접한 부분에 왕복 운동을 시키는 캠 기구 등에 대해 기술되어 있습니다. 로봇 제작 학교의 수업 시간에도 그것들을 배웁니다. 모두 수학이나 물리학이 기초가 되며 상당히 어려운 내용입니다.
　구체적으로 링크 기구는 건설 차량의 동력삽 부분, 캠 기구는 자동차 엔진의 밸브 부분 등에 사용되는 메커니즘입니다.

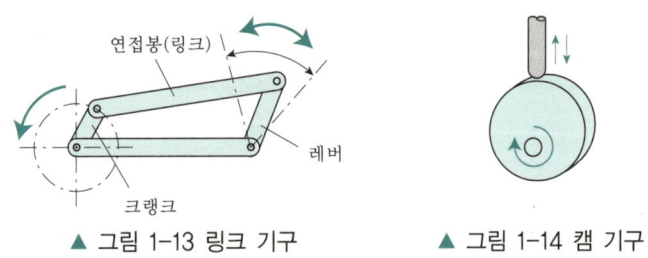

▲ 그림 1-13 링크 기구　　　▲ 그림 1-14 캠 기구

　그러나 신재를 비롯한 신입생들은 아직 기구학을 모릅니다. 그래서 링크 기구나 캠 기구에 집착하지 않고 실로 여러 가지 아이디어를 내고 있습니다.
　이번 테마에 돌입하면서 어렵다고 생각되는 부분은 역시 4점 존에 골인시키는 것입니다. 로봇의 높이 제한이 없다고는 하지만 스타트할 때 가로·세로 400mm의 로봇이 잡은 탁구공을 높이 200mm의 골 안에 집어넣는다는 것은 로봇이 최저 250mm 정도까지 탁구공을 잡아올려야 된다는 이야기입니다.
　이것을 링크 기구나 캠 기구로 실행하는 것은 매우 어려운 일입니다. 그래서 신입생들은 이러한 기구에 집착하지 않고 더욱 독창적이면서도 더욱 심플한 메커니즘을 구상하고 있습니다. 그들의 생각을 몇 가지 소개하겠습니다.
　이 팀은 동력삽으로 탁구공을 모아 이것을 실로 감아올려 골 높이까지 들어올립니다.

▲ 그림 1-15 실로 감아올리는 방식

또 다른 팀은 실 대신 무한궤도를 사용해서 동력삽을 움직입니다.

▲ 그림 1-16 무한궤도식(1)

무한궤도를 사용한다는 같은 아이디어이긴 해도, 칸막이를 붙인 무한궤도를 회전시켜 탁구공을 한 개씩 옮기는 팀도 있습니다.

▲ 그림 1-17 무한궤도식(2)

이것들은 전부 4점 존에 득점할 것을 노린 로봇들이지만 그 중에는 심플한 메커니즘으로 1점 존에 빠르면서도 많은 득점을 노린 로봇도 있습니다.

▲ 그림 1-18 심플한 로봇

그럼, 신재·진일 팀의 로봇은 어떤 메커니즘으로 되어 있을까요?

탁구공을 잡는 부분에는 무한궤도를 사용하면 어떨까? 이번 로봇의 다리 주변에는 맞지 않는다고는 하지만 탁구공을 나르는 거라면 역회전시킬 필요도 없으니까, 무한궤도가 빠져버릴 염려도 그다지 없을 거라고 생각하는데······.

실은 나도 무한궤도를 사용해보고 싶다고 생각했어. 가능하다면 한 번에 많은 탁구공을 모으고 싶은데 무한궤도를 2개 평행으로 늘려서 그 사이에 탁구공을 마구마구 집어넣는 거야!

상당히 재미있는 생각인데! 난 한 번에 많이 모을 생각은 미처 못했어.
그 무한궤도 사이는 시트 상태로 해서 중간중간에 작은 돌기를 붙여 탁구공을 걸어 들어올리게 하면 어떨까?

그래그래. 설계 포인트는 바로 그거지. 시트는 좀 튼튼한 종이로 하고, 탁구공을 걸리게 하는 것은 페트병을 잘라서 사용해도 될 것 같아.

종이와 페트병으로 만들다니, 제법 경제적인 로봇이 되겠는걸.

그렇지만, 로봇 골격은 확실하게 금속으로 만들어야지. 저쪽에 있는 알루미늄에 구멍이 많이 뚫려있는 판이 가볍기도 하고 튼튼할 것 같아.

 그래. 그럼 재료 가지러 가자!

  신재·진일 팀의 로봇 메커니즘은 대강 결정된 듯합니다.
  작업은 신재가 알루미늄판을 잘라내어 로봇 본체의 골격을, 진일이가 무한궤도로 볼을 건져 올리는 부분을, 이런 식으로 분담해서 하게 되었습니다. 그룹으로 작업을 할 때에는 이렇게 분담해서 작업을 진행하는 것이 중요합니다. 다만, 전체와 관련된 메커니즘에 대해서는 반드시 그룹 전원이 의논하여 결정하도록 합시다.

## 제 1 장 신입생 로봇 콘테스트 개최

# 8 선배에게 질문하기 ⑤

대략적인 메커니즘이 정해지고, 작업도 분담하게 된 신재와 진일이지만 막상 작업을 시작하게 되자 또다시 모르는 것이 생겼습니다. 그래서 바로 선배에게 물어보기로 했습니다.

 죄송한데요, 물어볼 게 또 있어요.

 얼마든지 물어봐. 생기 있어 보여 좋은데, 어떤 질문일까?

 기어 박스는 완성했어요. 모터도 확실하게 돌아가구요. 그런데 이 모터의 축을 조금 더 늘려서 사용하고 싶은데 어떻게 하면 되죠?

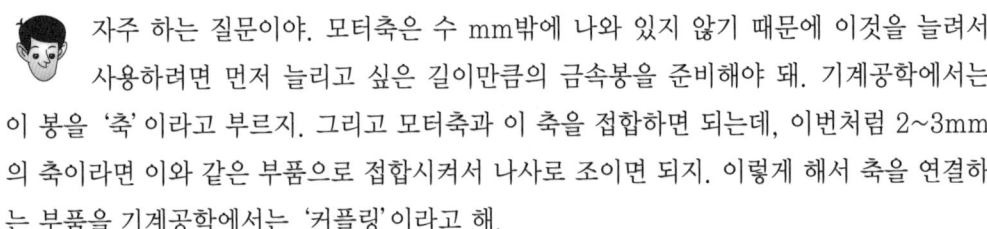 자주 하는 질문이야. 모터축은 수 mm밖에 나와 있지 않기 때문에 이것을 늘려서 사용하려면 먼저 늘리고 싶은 길이만큼의 금속봉을 준비해야 돼. 기계공학에서는 이 봉을 '축'이라고 부르지. 그리고 모터축과 이 축을 접합하면 되는데, 이번처럼 2~3mm의 축이라면 이와 같은 부품으로 접합시켜서 나사로 조이면 되지. 이렇게 해서 축을 연결하는 부품을 기계공학에서는 '커플링'이라고 해.

선배는 커플링에 2개의 축을 끼우고 나사로 조이더니 눈 깜짝할 사이에 축을 연결해버렸습니다. 굉장히 손재주가 좋아서 진일이는 깜짝 놀랐습니다. 마침 재료 가지러 갔다 온 신재도 그것을 보고 놀라움을 감추지 못했습니다.

 대단해요! 정말 고맙습니다.

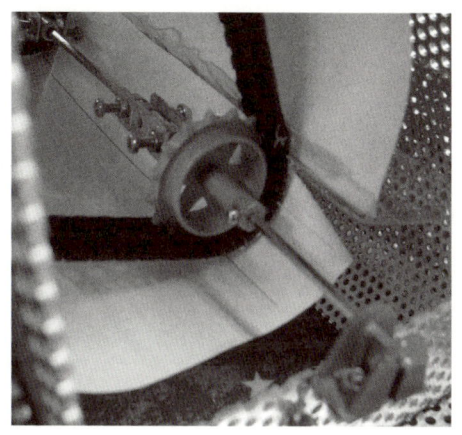

▲ 그림 1-19 축연결부의 공작

덧붙여 말해두는데, 이런 긴 축의 앞부분에 어떤 부품을 붙여서 사용하고 싶다면 부품의 무게로 축이 휘어지거나 흔들리기도 하니까 조심해야 해. 그럴 때에는 이것을 사용하면 돼. 이 부품을 '커플링'이라고 하는데, 회전 운동을 지탱해주는 중요한 부품이란다. 실제 기계에서 회전 운동을 더욱 크게 전달하고자 한다면 볼 베어링이라고 하고, 회전 운동을 지지해주는 '베어링'이라는 부품이 사용되기도 하지. 이것이 그것인데……

선배는 커플링과 베어링 등을 몇 개 보여주었습니다.

▲ 그림 1-20 커플링과 베어링

이것으로 메커니즘 부분은 어느 정도 해결된 것 같아.

응, 제법 그런 것 같아. 그런데 선배는 많은 것을 알고 있네. 놀라워. 네가 하는 작업은 어때?

 응, 나는 잘 되고 있어. 이 알루미늄판은 매우 편리해. '발로 밟아 자르는 절단기'라는 매우 큰 커터 같은 기계로 금방 잘랐고, 판을 직각으로 구부릴 수 있는 기계의 사용 방법도 배웠어. 그리고 판에 많이 뚫려있는 이 작은 구멍들의 지름이 정확히 3mm라서 그대로 나사를 조일 수가 있었어. 이 구멍이 없었다면 나사 조일 곳을 전부 드릴로 뚫었어야 했는데, 시간이 많이 절약되었지.

 '발로 밟는 절단기'구나. 어쩐지 조금 무서운 기계 같은데 상당히 재밌네. 나중에 나한테도 가르쳐줘.
그럼, 슬슬 점심 먹으러 가지 않을래?

   신재와 진일은 함께 식당으로 가서 두 사람 다 카레 돈까스를 먹기로 했습니다. 내일 시합에서 이길 것을 기원하는 카레 돈까스입니다. 두 사람 다 자리에 앉아 돈까스를 먹고 있을 때 연호 선배가 다가왔습니다.

 함께 앉아도 될까?

 그럼요. 어서 앉으세요.

 진행은 잘 되어 가니? 내일까지는 완성될 것 같아?

 네……. 어떻게 해서든지…….

 어떻게 되겠지요. 가능하다면 오늘 중으로 완성시켜서 내일 오전 중에는 조종 연습을 하려구요.

   여전히 생기발랄하고 자신 있는 진일이지만, 왠지 신재는 자신 없어 합니다. 신재는 선배한테 다시 물어보고 싶은 것이 있나 봅니다.

## 9  선배에게 질문하기 ⑥

 저~, 한 가지 질문이 있는데요…….

 괜찮아, 뭐든지 물어봐.

 전기 배선에 관한 질문인데요, 우리가 4개의 모터를 사용하고 있으니까 각각에서 2줄, 합계 8줄의 코드가 나와요. 로봇은 ON-OFF-ON으로 조작할 수 있는 4채널의 컨트롤러로 조종한다고 들었어요. 컨트롤러는 각각의 로봇에서 1대씩 만드는 건가요?

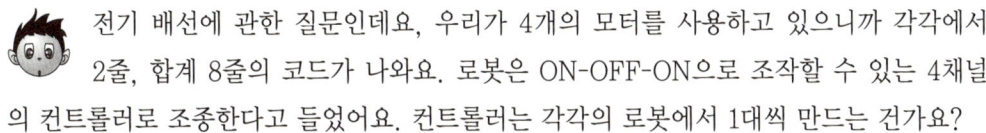 앗, 그걸 말하지 않았구나. 그러니까 컨트롤러를 1대씩 만들 필요는 없어. '터미널 단자'라는 부품이 있으니까 자신의 로봇에는 삽입구가 있는 쪽의 단자를 붙여두면 좋지. 컨트롤러에는 이쪽의 단자가 붙어있으니까 시합할 때 이쪽만 접속하면 돼.

 네. 알았어요.

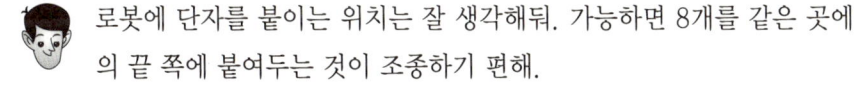 로봇에 단자를 붙이는 위치는 잘 생각해둬. 가능하면 8개를 같은 곳에 모아서 로봇의 끝 쪽에 붙여두는 것이 조종하기 편해.

　식사중의 질문에도 불구하고, 선배는 주머니에서 터미널 단자를 꺼내어 열심히 설명해주었습니다. 덕분에 배선에 대해서도 잘 알게 되었고, 오후 작업을 향해 더욱더 매진할 마음이 생겼습니다.

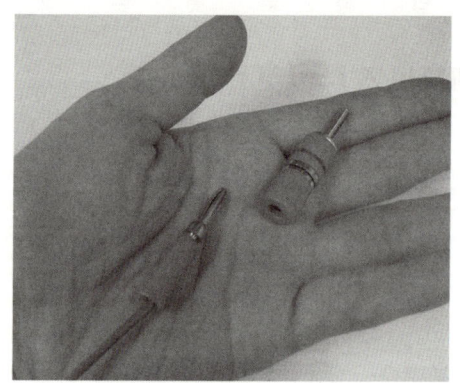

▲ 그림 1-21 터미널 단자

 연호 선배님, 고맙습니다! 그럼, 진일아 작업하러 갈까?

 그래. 그럼 잘 해보자! 카레 돈까스 잘 먹었다!

제 · 1 · 장 · 신 · 입 · 생 · 로 · 봇 · 콘 · 테 · 스 · 트 · 개 · 최

# 10 로봇 조립!

 카레 돈까스도 다 먹었고, '승리'의 기분에 한껏 사기 충천된 신재와 진일은 마침내 로봇 제작의 마지막 스퍼트 작업에 돌입하게 되었습니다.
 '승리'라는 말에는 로봇 콘테스트에서 승리를 거머쥘 것이라는 의미가 내포되어 있습니다. 그러나 그 이상으로 두 사람 다 자신들이 디자인한 로봇을 만족스런 형태로 완성시켜 그것을 움직이고 싶다는 마음으로 작업에 임하고 있습니다. 즉, 목표를 향해 노력한다는 의미에서 '승리'의 기분을 만끽하고 있는 것이죠.
 생각해보면 현재, 학교에서 배우는 동안 이런 활동은 거의 없을 것 같다는 생각이 듭니다. 로봇 제작은 엔지니어의 싹을 키운다고 하는 기술적인 면에서 의미가 있지만 인간 자신을 성장시킨다는 의미도 내포되어 있습니다.
 그건 그렇고, 슬슬 다시 로봇 공작 모습을 들여다봅시다. 선배한테 배선에 대해 배운 두 사람은 바로 컨트롤러의 배선 작업에 임하고 있는 것 같습니다.

 이번에는 우리가 컨트롤러를 만들지 않고도 끝낼 수 있으니 좀 편해졌지?

 응, 하지만 시합에서 조종할 때 곤란을 겪지 않도록 어떤 컨트롤러를 사용할지는 나중에 확인해보러 가자.

 신재는 진일이 말하는 그대로라고 생각했습니다. 배선 작업을 마친 후 두 사람은 컨트롤러를 보러 갔습니다.
 이번에 준비된 컨트롤러에는 토글 스위치(toggle switch)를 사용하도록 되어 있습니다. 단자가 6개 있어서 6P 스위치라고도 합니다. 이것은 ON-OFF-ON의 동작을 하며 각각 ON으로 두고 전류가 흐르는 방향을 역으로 할 수 있습니다. 이번에는 전기 모터를 움직이

기 위해 이 스위치 하나로 모터의 정전과 역전을 합니다.

또 스위치에는 조작한 레버를 놓았을 때, 레버가 돌아가는 것과 돌아가지 않는 것이 있습니다. 이번의 컨트롤러에는 4개의 스위치가 붙어 있는데, 그 2종류의 스위치가 2개씩 사용되고 있습니다. 타이어의 전진·후진이라면 어떤 스위치를 사용해도 그다지 조작성이 변하지 않지만, 모터를 조금씩 움직이려고 할 경우에는 자동적으로 레버가 돌아가는 스위치 쪽이 조작성이 좋아집니다. 예를 들어, 볼을 잡는 움직임으로 미세한 조정이 필요한 경우 등에 사용한다면 좋겠지요.

▲ 그림 1-22 6P 토글 스위치

스위치에는 이 외에도 로커 스위치나 푸시 버튼 스위치 등 다양한 종류가 있습니다. 이러한 스위치를 용도에 맞게 사용할 줄 아는 센스가 필요합니다. 아침에 일어날 때부터 밤에 잠들 때까지 신세를 지고 있는 스위치를 분류해서 왜 그곳에 그런 형태의 스위치가 사용되고 있는가를 생각하는 것은 좋은 트레이닝이 되겠지요.

▲ 그림 1-23 로커 스위치와 푸시 버튼 스위치

이번에 사용할 컨트롤러는 선배들이 미리 만들어주었습니다. 4개의 스위치에 ON-OFF-ON 동작을 시키는, 즉 4채널 스위치의 전기 회로를 직접 만든다는 것은 회로 초보자에게는 상당히 어려운 일이겠지요.

여기서는 하나의 6P 토글 스위치를 사용해서 모터의 정·역전이 가능한 회로의 예를 소개하겠습니다. 이것을 1채널이라고 하는데, 4개까지 묶은 것이 이번에 사용하고 있는 4채널의 전기 회로입니다.

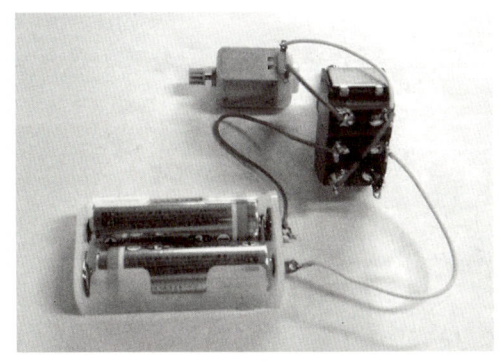

▲ 그림 1-24 전기 모터의 정전·역전이 가능한 회로

전기 회로라는 것은 보통 플러스와 마이너스 2줄의 배선을 염두에 두고 회로를 구성하는 모터나 전구 등을 접속시킵니다. 이번에도 그 원리는 같지만 ON-OFF-ON 스위치라고 하는 것으로, 하나의 단자에 복수의 배선 장소가 있다는 것이 조금 어렵습니다. 그림 1-24처럼 토글 스위치 상부의 2단자에 모터, 중앙부의 2단자에 전원 부분(여기서는 건전지)을 붙입니다. 그리고 상부의 두 단자와 하부의 두 단자를 교차시켜 접속하면 ON-OFF-ON 동작으로 모터의 정·역전이 가능하게 됩니다. 단, 로봇의 방향에 있어서 어느 쪽을 정·역전시킬 것인지는 자신들이 정해둘 필요가 있습니다. 예를 들어, 로봇을 전진시키는 경우 레버를 앞으로 당겼을 때에 타이어가 전방향으로 회전하는 편이 조종성이 좋습니다. 레버를 뒤로 당겼을 때에 전진한다든지, 2개의 모터를 정전시키고 싶을 때에 다른 레버는 앞으로, 또 다른 레버는 뒤로 하게 되면 조종하기 어렵습니다.

이번과 같은 단기간 결전의 로봇 콘테스트에서는 조종 연습 시간도 거의 없습니다. 따라서 조종성을 조금이라도 좋게 하기 위해 배선을 정해두는 것도 승리하기 위한 중요 요소가 됩니다.

자, 이제 부품도 겨우 갖추어졌고, 드디어 조립이다!

 다리 회전 장치는 거의 완성되어 있으니까 볼을 잡는 부분을 제작하면 되겠어.

 세로로 늘어진 무한궤도에 폭이 넓은 시트 같은 것을 붙여서 중간 중간에 볼을 걸게 하는 돌기를 붙이는 거였지?

 응. 그 돌기에는 이것을 사용하면 좋을 거 같아.

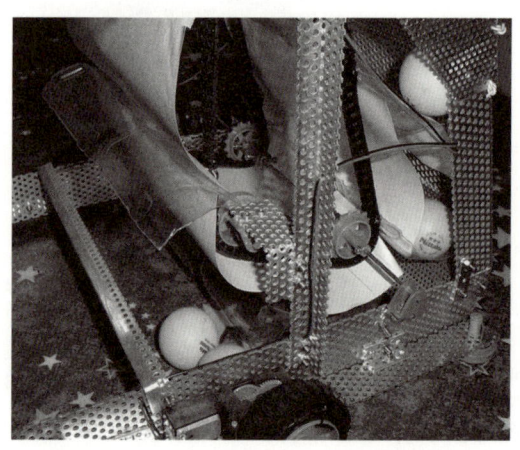

▲ 그림 1-25 볼을 잡는 메커니즘

 진일은 페트병을 세로로 해서 5조각 정도로 자른 부품을 꺼냈습니다. 이것으로 탁구공을 집어넣어 로봇 상부에 있는 상자까지 들어올리고 그 가운데에 탁구공을 모아놓습니다. 4점 존의 벽 높이는 200mm이므로 그보다 조금 높은 위치에 탁구공을 모아 한 번에 골을 노리고자 하는 것이 신재 팀 로봇의 득점 메커니즘입니다. 되도록 많은 볼을 집어넣을 수 있도록 하기 위해 탁구공을 넣는 상자는 상당히 크게 만들어져 있습니다. 득점을 하기 위해서는 이곳에 모아놓은 탁구공을 4점 존의 위까지 들어올려 상자의 끝을 열면 됩니다.

 이 메커니즘이 완성되면 300점은 노릴 수 있어.

▲ 그림 1-26 득점 메커니즘

 4점 존에 80개 넣으면 320점이니까……. 그러면 탁구공은 전부해서 100개 있으니까……. 아-앗?! 그렇게 많이 넣을 것을 생각하고 있는 거야?

 당연하지. 80개를 넣지 않으면 이길 수 없어!

진일은 여전히 의기양양한 상태. 형태가 점점 갖추어져감에 따라 신재도 80개 정도는 잡을 수 있을 것 같다고 생각하게 되었습니다.
그리고 2일째가 되어 작업 시간이 조금밖에 남지 않았을 때 어쨌든 로봇을 완성할 수 있었습니다.

 야호! 로봇 완성이다!

 아니야, 이제 조립을 다한 것뿐이니까 안심할 수 없어. 확실하게 움직이는지를 확인해야지.

 그건 그래. 실제로 탁구공을 넣어 득점한 건 아니니까.

 그럼 조종해보자!

두 사람은 컨트롤러가 세트되어 있는 장소로 가서 실제로 로봇을 움직여보기로 했습니다.

제 · 1 · 장 · 신 · 입 · 생 · 로 · 봇 · 콘 · 테 · 스 · 트 · 개 · 최

## 11 첫 번째 조종!

 자~, 배선은 여기가 플러스, 여기가 마이너스이니까…….

 맞아. 그 방향이 좋겠어. 4채널 있으니까 전부 8군데, 튼튼하게 접합시켜 둬.

 됐다, 됐어! 그렇다면 전원 스위치를 넣고……. 그런데 누가 조종하지?

 누가해도 괜찮은데, 일단 네가 조종해봐.

 알았어. 그럼 움직여볼게.

처음으로 로봇을 움직여봅니다. 긴장의 순간입니다. 로봇을 전진시키기 위해 레버 2개를 앞으로 밉니다.

 어? 이상하네~. 안 움직여.

 뭐라고? 설마~. 다시 한 번 배선을 확인해보자.

 앗, 미안미안. 코드를 당겼을 때, 여기 배선이 빠졌어.

 난 또 뭐라고, 제발 놀라게 하지 좀 마. 시합 중에 배선이 빠지면 그것으로 끝이야.

실제로 경기 도중에 배선이 빠져버리는 일이 종종 발생합니다. 아무리 주의를 하더라도 절대 배선이 빠지지 않도록 할 수는 없겠지만 경기 전에는 반드시 자신의 눈으로 도선의 접합 부분을 확인해두고, 경기 도중에 긴장해서 도선을 잡아당기지 않도록 주의합시다.

 그럼, 다시 한 번. 이번에야말로 움직일 거야…….

그리고 신재가 컨트롤러의 스위치를 넣자…….

 오옷! 움직였다, 움직였어! 로봇이 앞으로 나가고 있어!

 야호~! 빨리 탁구공 쪽으로 움직여봐!

그리고 로봇을 탁구공 쪽으로 가까이 해서 무한궤도의 아래에 탁구공을 넣자……. 덜컹, 덜컹, 덜컹~. 탁.

 들어갔다. 들어갔어!

 그런데, 뭔가 좀 이상해. 움직이질 않아!

 탁구공이 걸린 것 같아. 일단 스위치를 제자리로 하고…….

 응, 잠시 무한궤도가 풀린 것 같아. 이런 식으로 늘어지면 탁구공이 걸려버려. 종이와 페트병 조각이 아니라 좀 더 튼튼한 것으로 만들어볼까?

 마음 같아선 그렇게 하고 싶은데, 이번엔 시간이 없으니까……. 이것을 조정해서 어떻게 해볼 수밖에 없어.

 그래. 그럼 조금 더 무한궤도를 당겨 조정해보자.

신재는 무한궤도를 아주 조금 당겨서 고치고, 탁구공을 집어넣는 부분의 움직임을 조정해보았습니다.

 　조금씩 움직이려나?

 　응, 이번엔 괜찮을 거야.

 　그럼, 움직여볼까?

 　이번에는 괜찮은 것 같아. 확실하게 연속적으로 탁구공이 위까지 들어 올려지고 있어. 대단한 걸, 대단해!

 　움직임이 좋아. 설계한 대로야.

　　무한궤도를 조정하는 것 때문에 다소 고생은 했지만, 생각한 대로 움직여서 두 사람 모두 만족입니다. 다음은 상자에 모은 탁구공을 4점 존에 넣어 득점하기 위한 움직임입니다. 그러나 또다시 생각하지 못한 곳에서 트러블 발생!

 　드디어 탁구공을 골인하는 메커니즘이네. 이게 성공하면 정말로 완성이다!

 　그래, 탁구공을 모아둔 상자 벽의 하나가 쓰러지게 되어 있어서 이곳을 열면 탁구공이 굴러 떨어지도록 했잖아.
　벽은 출구를 따라서 조금씩 오므려져 있으니까 4점 존 안에 잘 떨어지도록 설계되어 있어. 조금 움직여볼래?

 　응, 해볼게. 이 출구 부분을 열면 되지? 어쩐지 간단한 것 같은데.

　　그리고 신재는 상자 출구를 여는 스위치를 넣었습니다. 그리고 이 출구를 여는 메커니즘에는 유성 기어 박스를 사용했습니다.

이상한데, 안 움직여. 어떻게 된 걸까?

 어이 어이~, 그렇게 레버를 몇 번이나 움직이면 망가져. 움직이지 않을 때는 그 원인을 조사해보는 게 먼저야.

 그래 맞아. 미안. 잠깐 초조해서 그랬어.

　두 사람은 출구 개폐부의 메커니즘과 기어 박스 주변 등을 조사해보았습니다. 그러나 아무리 살펴봐도 움직이지 않는 원인을 찾아낼 수가 없었습니다.

 왜 그럴까? 이상한 데는 없는 것 같은데.

 그러게 말이야. 하지만 움직이지 않는다는 것은 어딘가 이상이 있기 때문이겠지. 음…….

 어쩔 수 없지. 다시 선배에게 물어볼까?

 그래, 그게 좋겠다.

　마무리 정도는 자신들이 하고 싶었던 두 사람이지만, 움직이지 않는 원인이 뭔지 아무리 살펴봐도 알 수 없었기 때문에 다시 선배에게 물어보기로 했습니다.

## 제1장 신입생 로봇 콘테스트 개최

## 12 선배에게 질문하기 ⑦

---

 죄송해요. 질문이 있어요~!

    다른 팀들도 로봇이 완성되어감에 따라 여기저기서 선배에게 질문하고 있는 모습이 눈에 띕니다. 가까운 곳에는 선배가 없습니다.
    그때 한 분이 다가오고 있었습니다. 아무래도 선배는 아닌 것 같은데, 어쩐지 주변 학생들이 술렁이기 시작했습니다. 선배들이 모두 그 분에게 인사를 하고 있는 걸로 봐서, 아무래도 교수님이신 것 같습니다.

 교수님, 안녕하세요?

 다들 수고하고 있군. 올해 신입생들은 열심히 잘 하고 있나?

 네, 열심히 하고 있습니다.

 좋은 일이군. 그런데 자네들은 뭔가 잘 안 되는 듯한데, 무슨 일인가?

 저~, 이 부분의 기어가 움직이기만 하면 완성인데요, 잘 안 움직여서……. 원인을 잘 모르겠어요.

 제법 잘 만들어졌는데. 마지막으로 탁구공의 출구가 안 움직인단 말인가? 어디 한 번 볼까…….

교수님은 신재 팀의 로봇 전체를 훑어보고 배선 부분도 살펴보셨습니다.

 응, 제법 잘 만들었군. 이 무한궤도 부분은 괜찮은데, 이 부분 때문에 움직이지 않는 것 같군. 전기 회로가 합선되어 있어. 자, 여기를 한번 보렴.

교수님은 컨트롤러의 전원 부분을 가리키셨습니다.

 자, 여기 빨간 램프가 빛나고 있지? 이것은 쇼트(short : 短路)를 의미하지. 생각해 볼 수 있는 원인은 2가지야. 전기 모터에 그 기능 이상의 작업, 즉 모터가 들어 올릴 수 있는 한계보다 큰 것을 들어 올리려고 하는 것은 아닌지가 그 하나. 그리고 배선의 어딘가에서 누전되고 있는 것은 아닌지가 또 다른 하나인데, 무엇이 문제인지 알 것 같나?

이 유성 기어에 힘이 너무 들어간다는 말씀인가요? 탁구공의 하중은 많이 나가지 않는 것 같은데요…….

탁구공의 하중은 그다지 문제가 되지 않지. 그것보다도 그 출구의 두꺼운 종이 부분의 하중이 기어 박스의 축에 지나치게 걸려있지 않은가 생각해봐야 하네. 다만, 보기에는 두꺼운 종이 부분이 그렇게 무거워 보이지 않으니까 또 다른 이유가 가능성이 더 크다고 생각할 수 있겠는데, 어딘가 이상한 부분은 없는가?

 음~, 잘 모르겠어요.

 저도 잘 모르겠어요.

두 사람 모두 매우 난처해졌습니다. 다른 이유라는 것은 어디선가 누전이 된다는 것입니다.

자, 잠깐 여기를 보렴. 어딘가 이상하지 않나? 벗겨져 나온 도선 부분이 이 골조인 알루미늄판에 접촉해 있지? 도선이 금속에 접촉해 있으니까 전기는 여기에서 새나가고 있는 거야. 즉, 합선되고 있는 거지. 아마도 이것이 움직이지 않는 원인인 것 같은데.

신재와 진일은 도선이 본체의 알루미늄 재료와 접촉하고 있다는 것에는 어떤 의심도 하지 못했습니다.

 그렇군요. 이렇게 하면 안 되는군요. 바로 수정하겠습니다.

 도선의 비닐 피복을 너무 벗긴 게 잘못된 거구나! 도선이 나오는 부분을 수 mm로 해두면 이런 일은 없었겠지. 실은 비닐 피복을 벗기고 있는 동안 재밌어서 안 해도 될 것을 벗겨버렸어.

 나도 보고 있으면서 조금은 너무 벗긴 거 아닌가? 하고 생각은 했지만, 설마 이런 부분이 트러블의 원인이 되리라고는 생각도 못했어.

당황해서 공작을 하다 보면 생각하지 못한 곳에서 문제가 생기고 말아, 결국 쓸데없이 시간을 낭비해 버리고 마는 경우가 종종 생깁니다. 배선 등의 전기 관련 문제는 감전 등 생각하지 못한 사고로도 연결되기 때문에 충분히 주의해야 합니다. 비닐 피복은 도선 부분이 나오는 길이를 수 mm로 하고 그 부분이 다른 금속 부품과 접촉하지 않도록 비닐 테이프로 싸두는 등 주의가 필요합니다.

 그런데 아까 그 사람 누굴까? 교수님처럼 보였는데…….

 나도 처음 봤는데. 대체 누굴까?

이런 이야기를 하고 있을 때 연호 선배가 다가왔습니다.

 어땠어, 교수님은?

 그 분이 우리 학교의 교수님이세요?

 물론이지. 로봇학과장이셔. 입학식 때 인사하셨던 걸로 알고 있는데…….

앗, 생각났다. '로봇 창조는 사람 창조'라는 것을 강조하셨던 교수님이셨죠?

 그래그래. 아직 30세 정도이신데, 로봇 콘테스트 세계에서는 아주 유명한 교수님이시지. 1학년의 수업도 담당하고 계시니까 앞으로도 여러 가지 가르침 받을 일이 많을 거야.
 이번 로봇 콘테스트는 모든 운영을 우리한테 맡기고 있으시지만, 경기 룰이나 담당 작업 분담 등을 결정하기까지 여러 가지를 돌봐주고 계셔. 마지막 표창식에도 오실 거야.

그래요? 대단한 교수님이시군요. 잘 기억해두겠습니다!

제 · 1 · 장 · 신 · 입 · 생 · 로 · 봇 · 콘 · 테 · 스 · 트 · 개 · 최

## 13 로봇 완성!

신재와 진일은 우여곡절 끝에 로봇을 완성시킬 수 있었습니다. 잘 하면 탁구공을 70개 정도는 잡을 수 있는 로봇입니다.

▲ 그림 1-27 완성된 로봇

두 사람 모두 한숨 돌리기가 무섭게 내일 시합을 생각하며 또다시 긴장감에 휩싸입니다.

 과연 어떤 시합이 될까?

 글쎄, 다른 팀의 로봇을 거의 보지 못한 상태라 뭐라고 말할 수 없는 걸.

 이만큼 로봇을 만들 수 있다는 것만으로도 일단은 만족이지만……

아니지. 어차피 시합에 나갈 바에는 이겨야지. 열심히 해서 위대한 교수님께 인정을 받아야해.

 그렇지. 로봇 제작 학교에 입학해서 참가하는 최초의 로봇 콘테스트이니까 당연히 전력을 다해 도전하자!

작업 완료를 알리는 5시 벨이 울렸습니다. 드디어 내일은 준결승전입니다.

제 1 장 신 입 생 로 봇 콘 테 스 트 개 최

# 14 로봇 제작 3일째 – 최후의 전력투구

입학식 후 3일에 걸쳐 진행된 신입생 로봇 콘테스트도 드디어 최종일을 맞이하였습니다. 작업장에 있는 공작관에 들어간 두 사람의 작업복은 지금까지의 작업으로 상당히 더러워져 있었습니다.

 마침내 최종일이네. 최후의 전력투구다!

 자신 있게 확실히 조종하면 분명히 잘 움직일 거라고 생각해. 그러니까 남은 시간 동안 깔끔하게 연습을 해두자.

두 사람은 로봇을 가지고 지금까지 작업을 하고 있던 공작관에서 경기대회장이 있는 창신당으로 이동하기로 했습니다.

 어이, 잘 잤니? 로봇이 완성된 모양이구나. 실제 경기장에서 움직여보렴. 사람이 없는 지금이 기회니까.

 그런가요? 자, 시작해볼까?

 그럼, 내가 먼저 조종해볼게.

2인 1조의 경우 컨트롤러 조종을 한 사람이 맡고, 다른 한 사람은 쫓기 힘든 탁구공의 지령을 내린다든지, 경기장을 움직이고 있는 동안 컨트롤러의 도선이 꼬이지 않도록 봐두는 등의 일을 합니다. 2가지 모두 중요한 일이지만 무엇보다도 두 사람의 팀워크가 가장 중요합니다.

신재는 컨트롤러를 붙잡긴 했지만 실제 경기장에 선 순간, 긴장감에 휩싸였습니다.

 왜 그래? 빨리 움직여봐.

 ······앗, 어어.

 혹시 긴장하고 있니? 아직 아무도 안 보고 있잖아. 이만한 일로 왜 그래.

 으응, 알았어······.

 그럼 좋아. 내가 먼저 조종해볼게.

진일은 신재로부터 컨트롤러를 빼앗아 로봇을 조종하기 시작했습니다. 로봇은 순조롭게 움직이고 있습니다.

 와아, 대단하다. 대단해!

 내일도 잘 움직여준다면 좋을텐데. 봐, 4점 존에 40개를 넣었어. 실제로는 상대팀도 경기장 내에 있으니 이렇게 간단하게는 안 될 거라고 생각하지만······. 좋아, 다음은 네 차례야.

 알았어. 우리가 자신 있게 완성한 로봇이니까 자신 있게 조종하지 않으면 로봇한테 실례가 되겠지.

경기 직전까지 확실히 움직이고 있던 로봇도 갑자기 아주 사소한 이유로 움직이지 않게 되어버리는 경우가 있습니다. 그럴 경우 곧바로 수리할 수 있도록 경기장 근처에는 작은 작업장이 마련되어 있습니다. 도선이 빠져버렸을 때는 이곳에 놓여있는 인두를 사용해 곧 수리할 수 있습니다. 또한 라디오 펜치나 니퍼 등도 갖추어져 있어 로봇의 움직임이 뻣뻣한 부분이 있을 경우에는 바로 고칠 수 있습니다. 또한 나사나 실, 고무 밴드 등의 교환이 필요할 것 같다면 각 로봇마다 다시 한 번 여분으로 준비해두는 것이 좋겠지요.

## 15 신입생 로봇 콘테스트 개최

지금부터 올해 신입생 로봇 콘테스트를 시작하겠습니다.
경기는 3세트제로 먼저 2승한 팀이 승리하게 됩니다. 1승1패일 때는 한 번 더 시합을 하겠습니다. 여기서 만약 동점으로 비겼을 경우에는 두 번째 시합까지의 합계 득점이 많은 팀이 승리하게 됩니다.

개회식도 끝나고, 드디어 경기가 시작되었습니다.

그럼 제1시합을 시작합니다. 제1시합은 시원·준희 팀 VS 영준·민수 팀의 대전입니다. 준비, 시작!

시원·준희 팀의 로봇은 우선 동력삽으로 탁구공을 주워 모아 로봇 본체로 집어넣습니다. 몇 개 정도 집어넣으면 '턱' 하는 소리와 함께 로봇의 후방에 있는 무한궤도가 움직이기 시작합니다. 무한궤도 부분을 자세히 보면 탁구공이 1개씩 들어가도록 칸이 나뉘어져 있습니다. 무한궤도 위에 일렬로 늘어선 탁구공이 차례대로 4점 존으로 골인되고 있습니다. "우왓~!" 예술적인 골에 대회장은 크게 달아오릅니다.

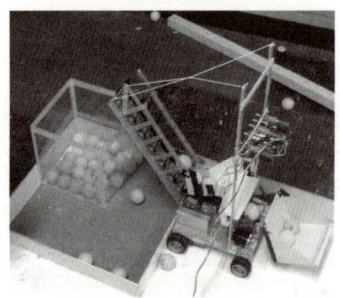
▲ 그림 1-28 주워 모은 탁구공을…

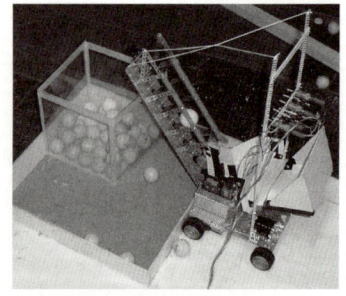
▲ 그림 1-29 동력삽으로 집어넣어…

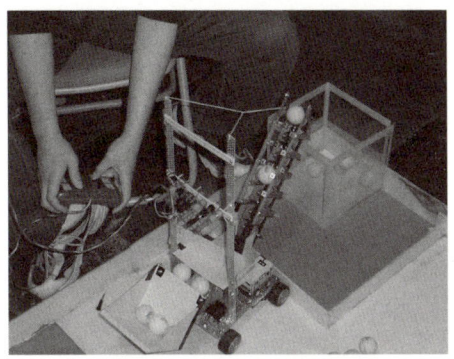

▲ 그림 1-30 4점 존에 골인!

무한궤도의 메커니즘 부분을 확대해봅시다. 탁구공이 하나씩 늘어설 수 있도록 비닐 테이프의 칸이 붙어있습니다. 이 칸막이는 아주 미미한 것이지만 이것이 없으면 부드럽게 탁구공을 하나씩 운반할 수 없었겠지요.

이처럼 작은 배려로 로봇의 움직임은 현격하게 좋아집니다. 메커니즘 부분의 움직임이 나쁜 경우에는 왜 움직임이 나쁜지 차분하게 관찰해보면 그것을 개선할 수 있는 좋은 아이디어가 떠오를 것입니다.

▲ 그림 1-31 무한궤도의 메커니즘 부분

그렇다면 대전 상대인 영준·민수 팀은 어떻게 되어 있을까요? 이 팀도 상당히 독특한 로봇입니다.

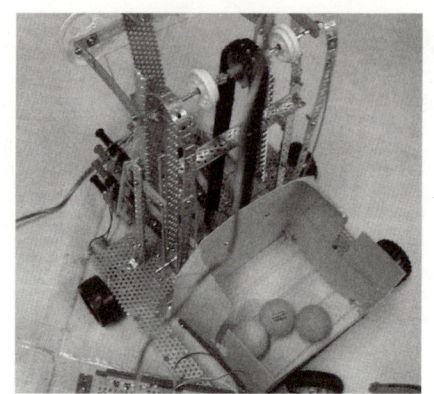

▲ 그림 1-32 영준·민수 팀의 로봇

우선 탁구공을 모으려면 상하 운동을 하는 사각의 틀이 위에서 탁구공을 누르도록 해야 합니다. 틀의 바닥에는 탁구공을 집어넣기 위해 알맞은 간격으로 고무 밴드가 늘여져 있기 때문에 위에서 누르면 그 사이에 탁구공이 들어가는 것입니다.

로봇을 가까이서 들여다보지 않으면 고무 밴드의 역할을 잘 모르기 때문에 관객은 바로 그 메커니즘의 훌륭함을 잘 모르는 것 같습니다. 그러나 사회자가 그 메커니즘을 소개해주자 대회장에서는 "대단하다!"는 탄성이 터집니다.

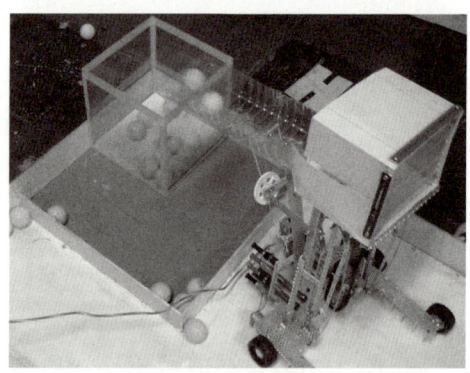

▲ 그림 1-33 영준·민수 팀 로봇의 4점 골!

영준·민수 팀은 탁구공을 모은 틀을 들어 올려 뒤로 넘어뜨려서 반쪽으로 자른 페트병의 가운데로 탁구공을 흘려 넣어 4점 존으로 골인시킵니다.

흠~, 모두 훌륭한 아이디어다. 나는 왜 저런 생각을 하지 못했을까?

 나는 아이디어는 떠올랐었는데……. 하지만 저 아이디어를 실현시키는 공작력에 고개가 숙여져.

'삐익-!' 이런 와중에 제1시합이 종료. 결과는 4점 존에 16개를 골인시킨 시원·준희 팀이 64점을 득점하여 4점 존에 14개를 넣은 영준·민수 팀에 불과 8점차로 승리했습니다.

8점차라는 것은 탁구공 2개의 차이이므로 최후의 득점 계산까지 어느 팀이 이길지 모르는 치열한 대전이라 할 수 있습니다.

이어지는 제2시합은 72점(4점×18개) VS 80점(4점×20개)으로 영준·민수 팀의 승리였습니다. 먼저 2승하는 쪽이 승리하는 것이기 때문에 이와 같은 경우에는 제3시합으로 승패를 가르게 됩니다.

주목되는 제3시합은 84점(4점×21개) VS 85점(4점×21개+1점×1개). 겨우 1점차로 시원·준희 팀이 승리했습니다. 이때의 1점은 스타트할 때, 볼이 모여 있는 곳에 로봇이 돌진해 어쩌다 들어간 것입니다. 그렇지 못했다면 이 시합은 동점으로 끝날 뻔했습니다. 이처럼 때에 따라서는 운도 승패에 영향을 줍니다.

제 1 장 신 입 생 로 봇 콘 테 스 트 개 최

## 16 신재·진일 팀의 첫 번째 도전!

1회전부터 격렬한 시합이 계속되고 있는 신입생 로봇 콘테스트. 드디어 신재·진일 팀이 기량을 펼칠 차례입니다. 대전 상대인 우찬·재원 팀의 로봇은 대형으로 상당히 강해보입니다. 제1시합에서는 신재가 컨트롤러를 조작합니다. 진일은 주변 상황을 판단해서 지시를 하는 것과 배선이 꼬이는 일이 없도록 감시하는 일을 맡았습니다.

 준비, 시작!

드디어 경기가 시작되었습니다. 양 팀 모두 재빠르게 탁구공을 집어넣고 있습니다. 두 팀 모두 잠깐 사이에 10개 정도 집어넣었습니다. 먼저 득점에 다가간 것은 우찬·재원 팀입니다.

우찬 : 좋아. 그렇다면 슬슬 4점 골을 시도해볼까!

재원 : 알았어. 좀 더 골에 접근해봐. 조금 더 오른쪽이야. 초조해하지 말고 침착하게 해.

우찬 : 이 정도면 괜찮을까?

재원 : OK, 그 위치가 딱이야! 그럼, 조금씩 동력삽을 숙여봐.

우찬 : 알았어, 단번에 숙일 테니까. 좋아······.

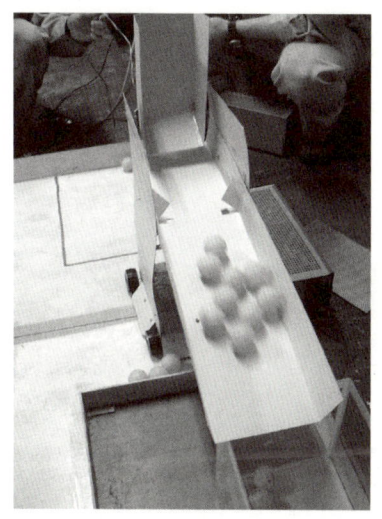

▲ 그림 1-34 우찬·재원 팀의 골

　떼굴떼굴, 달그락달그락. 눈 깜짝할 사이에 12개의 탁구공이 4점 존에 들어갔습니다. 단번에 48점입니다. 대회장에서는 대함성이 울려퍼졌습니다.

　우찬·재원 팀이 먼저 골을 넣었지만, 신재·진일 팀도 순조롭게 조종하고 있습니다. 사실, 신재도 진일도 조종하는 데에 빠져서 상대 팀이 골을 넣은 것도, 대회장의 함성도 전혀 의식하지 못하고 있었습니다. 떼굴떼굴, 떼굴떼굴……. 조금 늦었지만, 차례차례 탁구공을 모으고 있습니다.

 좋아좋아. 40개 정도 집어넣자! 그럼, 슬슬 4점 골을 넣어볼까!

 OK! 조금씩 골로 가까이 가보자.

 그래. 그 위치가 좋아. 음~, 조금 오른쪽인가. 음, 좋아좋아.

 그럼 간다. 골이다!

▲ 그림 1-35 닥치는 대로 탁구공을 집어넣고…

▲ 그림 1-36 신중하게 위치를 맞추면…

▲ 그림 1-37 단번에 정리해서 골!

눈 깜짝할 사이에 40개 정도의 탁구공이 4점 존으로 빨려들어갔습니다. "와-, 대단하다! 대단해!" 또다시 대회장에 함성이 울려퍼졌습니다.

 해냈다-! 들어갔다, 들어갔어. 첫 골이다!

 그래, 들어갔어, 들어갔다구! 계속해서 득점할 거야!

두 사람 모두 첫 골에 흥분한 상태였지만, 다시 냉정을 되찾아 정확히 로봇을 움직이고 있습니다. 게다가 한 번 더 골을 넣은 시점에서 시합 종료. 최종적으로는 신재·진일 팀은 51개의 탁구공을 4점 존에 집어넣어 204점을 얻었습니다. 우찬·재원 팀도 164점으로 고군분투했지만 204 대 164로 제1시합은 신재·진일 팀이 승리했습니다.

제2시합은 진일이 조종을 담당. 로봇은 계속 잘 움직였고 금세 4점 존에 50개를 넣어 2연승. 이로써 1회전 돌파입니다.

 해냈다 ~! 다행이다. 실은 심장이 마구 쿵쾅거렸어.

 알고 있었어. 다리가 떨리는 게 보였거든.

 들통났구나. 너도 4점 골을 넣었을 때 손이 떨리는 것 같던데……. 상대편 1점 존에 몇 개 톡하고 떨어뜨리기도 하고.

 아니야, 아니라고. 신중하게 조종하려고 했던 것뿐이야!

 어쨌든 상관없어. 이겼으니까, 결과는 굿이잖아.

제 · 1 · 장 · 신 · 입 · 생 · 로 · 봇 · 콘 · 테 · 스 · 트 · 개 · 최

## 17 치열한 1회전 최종 시합

---

시합은 계속 진행되어 마침내 1회전 최종 시합입니다. 어쩐지 범상치 않아 보이는 모양의 로봇이 등장했습니다. 조종은 재혁·현성 팀입니다.

▲ 그림 1-38 자벌레와 같은 로봇    ▲ 그림 1-39 매직 핸드 같은 팔

 와~, 늘어났다, 늘어났어! 마치 매직 핸드 같네.

 링크 봉을 조립해서 저린 메커니즘을 만들기는 하지만 로봇에 탑재하다니…….

탁구공을 노려 매직 핸드가 쑥쑥 늘어납니다. 매직 핸드의 앞부분은 탁구공을 잡을 수 있도록 개폐가 되는 메커니즘으로 되어 있습니다.
"우와, 대단하다, 대단해! 단번에 탁구공을 잡았어!" 지금까지의 함성 중 최고의 함성이 대회장에 울려퍼졌습니다.

**재혁** : 좋아, 생각했던 대로다.

현성 : 한방에 탁구공을 잡으리라곤 생각하지도 못했어.

▲ 그림 1-40 탁구공을 잡는 메커니즘

　로봇은 4점 존으로 향해 갑니다. "4점 골인, 4점 골인!" 대회장 안이 모두 재혁·현성 팀을 응원하고 있는 듯합니다. 하지만 탁구공의 위치가 그 높이에서는 4점 존에 닿지 않을 것 같기도 합니다만⋯⋯.

재혁 : 두고 봐! 좋아, 4점 골이다!

　4점 존까지는 높이가 닿지 않는 것처럼 보였지만, 골인 직전에 로봇 몸체가 들어 올려져 매직 핸드의 위치가 높아졌습니다.
　"들어갔습니다. 4점 골입니다!" "들어갔다, 들어갔어!" "대단해!" 대회장은 흥분의 도가니가 되었습니다. 지금까지 없었던 대함성입니다.

재혁 : 현성아, 어때?

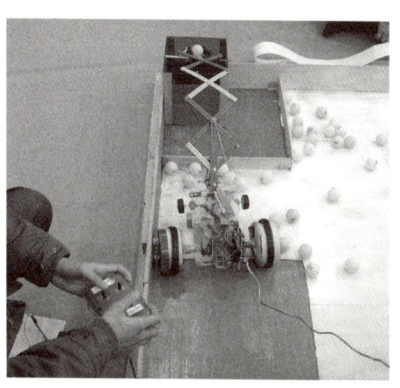

▲ 그림 1-41 본체가 들어 올려져 골인!

현성 : 헤헤헤, 제법 하는걸.

    그러나 첫 득점까지 1분 30초가 소요되는 바람에 남은 경기 시간은 30초밖에 없습니다. 다른 편인 대원·철수 팀은 심플한 동력삽과 크레인 방식의 로봇으로 확실하게 점수를 높여 가고 있습니다. 결국 제1시합에서는 대원·철수 팀이 승리했습니다.
    계속된 제2시합에서도 재혁·현성 팀은 훌륭하게 득점에 성공해서 또다시 대회장은 들썩. 그러나 승부에 있어서는 대원·철수 팀이 깨끗하게 득점을 해 1회전을 돌파했습니다.
    이처럼 로봇 콘테스트에서는 반드시 단시간 내에 득점할 수 있는 합리적인 로봇이 주목을 받는다고만은 할 수 없습니다. 이 로봇을 만든 재혁과 현성은 아마도 처음부터 이기는 것에는 그다지 집착하지 않았던 것 같습니다. 그래도 자신들이 생각한 아이디어를 확실하게 실현시킬 수 있었던 것으로 두 사람은 크게 만족한 것처럼 보입니다.
    같은 경기를 하는 로봇 콘테스트이지만 어느 것 하나도 같은 모양의 로봇은 보이지 않습니다. 참가하는 각자가 자신들의 목표를 설정하고, 그것을 달성했는가는 자신들이 판단하고 평가하는 것입니다. 경기장에서의 득점은 어디까지나 결과에 불과할 뿐, 참가자의 만족도를 그대로 반영한 것은 아닙니다. 이것이 로봇 콘테스트의 묘미이기도 하고 깊이이기도 한 것입니다.

제 · 1 · 장 · 신 · 입 · 생 · 로 · 봇 · 콘 · 테 · 스 · 트 · 개 · 최

# 18 준결승

시합은 계속 진행되어 마침내 베스트 4가 나왔습니다. 준결승의 짜임새와 지금까지 싸워 이긴 4대의 대전을 돌아보고, 그 특징을 살펴보기로 합시다.

준결승 제1시합 : 수철·인성 팀 VS 일우·혁이 팀

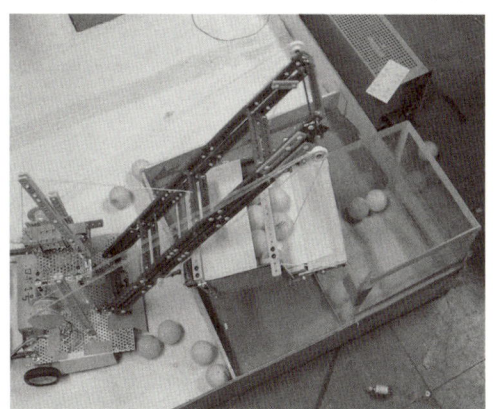

▲ 그림 1-42 수철·인성 팀의 로봇

수철·인성 팀의 로봇은 복수의 말아걸기 전동 장치(간단히 말하면 연줄이나 낚싯줄을 말아서 각 부분을 잡아 당겨 올리는 메커니즘)를 이용하여 동력삽 부분으로 탁구공을 모아 넣어 골을 넣습니다. 각 줄의 팽팽한 정도를 조절하는 것이 중요하기 때문에 조종이 상당히 어려워 보입니다.

▲ 그림 1-43 일우·혁이 팀의 로봇

　일우·혁이 팀의 로봇은 구조 부분이 거의 알루미늄 재료로 만들어져 튼튼해 보입니다. 메커니즘에는 링크 구조와 말아걸기 전동 장치가 사용되었습니다. 견고한 움직임으로 점수를 높여 가면서 지금까지 순조롭게 이기고 있습니다.

준결승 제2시합 : 하일·철이 팀 VS 신재·진일 팀

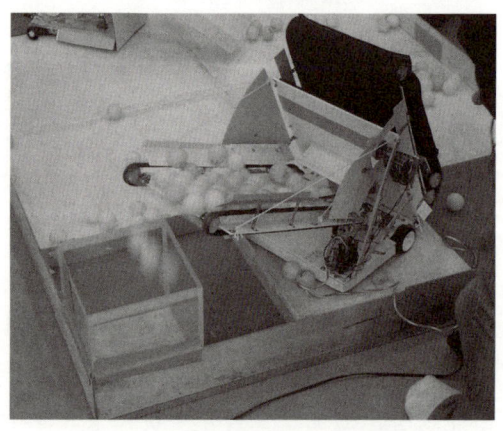

▲ 그림 1-44 하일·철이 팀의 로봇

하일·철이 팀의 로봇은 후방의 검은 천 부분이 회전하면서 탁구공을 모아 넣습니다. 즉, 이 천이 폭넓은 벨트처럼 움직이고 있는 것입니다. 로봇 본체에 탁구공을 모아 넣으면 다른 무한궤도가 회전하여 4점 존으로 단번에 골인시킵니다.

▲ 그림 1-45 신재·진일 팀의 로봇

신재·진일 팀도 베스트 4 진출이 확정되었습니다. 3회전에서는 상대 로봇이 전혀 움직이지 않는 사고도 있었지만 경기장을 자유자재로 다니며 100개의 탁구공 중 86개를 4점 존으로 넣어 344점을 득점했습니다. 도중에 탁구공을 수집하는 부분에 걸려 움직이지 않게 되는 사고가 한 번 있었지만 그것을 제외하면 그 후는 확실하게 60개 이상은 4점 존에 골인시켰습니다.

드디어 베스트 4의 대결입니다. 먼저 제1시합, 수철·인성 팀과 일우·혁이 팀의 대결이 시작되었습니다. 양 팀 모두 지금까지 해 온 것처럼 순조롭게 움직이고 있습니다.

수철·인성 팀의 로봇은 크레인 부분의 오르내림과 동력삽의 개폐를 각각 연줄로 움직이고 있습니다. 2단계의 말아걸기 전동 장치는 조종이 상당히 어려워 보이긴 하지만 순조롭게 골을 넣고 있습니다.

한편, 일우·혁이 팀의 로봇은 크레인 부분의 오르내림은 링크 기구, 동력삽의 개폐 부분은 연줄로 말아걸기 전동 장치를 이용해 움직이고 있습니다. 이들 로봇도 재빨리 4점 존에 골인시켜 득점을 했습니다.

"힘내라-! 힘내라-!" 대접전이 계속되고 관객석에서는 함성이 울려퍼지는 가운데 시합이 종료되었습니다.

 지금의 시합은 89점 VS 93점으로 일우·혁이 팀의 승리!

대회장에서는 큰 박수가 터져 나오고 있습니다. 양 팀이 합해서 탁구공 97개를 넣어 경기 종료 시에는 필드 내에 탁구공이 겨우 3개밖에 남아있지 않았습니다.

 과연 준결승답군. 모든 팀이 자신들이 만든 로봇의 실력을 최대한으로 발휘하고 있어.

이렇게 시작된 준결승이지만, 2시합째에는 생각하지도 않은 부분에서 해프닝이 벌어졌습니다. 한창 경기 도중에 가끔 로봇 2대가 부딪혔습니다. 관객들 사이에는 "너무한다, 너무해!" "방해다!"라는 소리도 들렸습니다. 어떻게 보면 그렇게도 보일 수 있지만 사실은 수철의 컨트롤러에 트러블이 생겨 조종이 일시 불능이 되었던 것이 그 원인이었습니다. 이 접전으로 수철·인성 팀 로봇의 두꺼운 종이로 만든 동력삽은 찌그러졌고, 믿고 의존하던 연줄도 빠져버리고 말았습니다.

**수철** : 위험한데. 이렇게 되면 로봇이 움직이지 않아!

**인성** : 아직 1분이나 남았는데…….

▲ 1-46 접촉으로 두 팀 모두 스톱!

이에 비해 일우·혁이 팀의 로봇은 튼튼한 알루미늄으로 만든 것이어서 작은 접촉으로는 꿈쩍도 하지 않았습니다. 이런 부분에서 강도의 차이가 드러나는 법입니다. 그러나 …….

**일우** : 우리 로봇도 어딘가 이상한데. 앗, 타이어를 움직이는 코드가 하나 빠졌어. 이래서는 타이어가 안 움직여.

두 로봇 모두 접촉으로 상당한 피해를 입은 듯합니다. 결국 둘 다 움직임이 정지된 채로 1분이 경과하여 경기가 종료되었습니다. 결과는 24점 VS 16점으로 일우·혁이 팀이 간신히 이겼습니다. 겨우 4점 골로 2개차입니다.

**일우** : 휴-, 이겨서 한숨 놓인다. 코드가 빠졌을 때는 완전히 졌다고 생각했었는데.

**혁이** : 이겨서 다행이야. 빨리 빠진 코드를 수리하자. 인두가 어디 있었지?

이처럼 경기 도중에 접촉으로 로봇의 움직임이 나빠지는 일은 자주 있는 일입니다. 이번에는 제작 시간이 짧았던 탓에 로봇 재료로 두꺼운 종이를 사용하고 있는 팀이 많았기 때문에 어느 팀이라도 계속 승승장구할수록 로봇 성능은 확연히 떨어지고 말 것입니다. 그것을 조종 기능의 향상으로 뛰어넘은 팀도 있지만 시급한 부품을 다시 만든다든지 서둘러 수리하는 팀도 있습니다.

이제 드디어 신재·진일 팀의 시합입니다. 상대는 하일·철이 팀. 두 팀 모두 탁구공을 단번에 몰아넣어 한 번에 골인시키겠다는 전술입니다. 그렇기 때문에 상대 팀보다 신속하고 확실하게 로봇을 움직여야 합니다.

"준비, 시-작!" 이제, 시작되었습니다. 두 팀 모두 탁구공을 향해 움직이기 시작합니다.

**철이** : 좋아, 30개는 들어갔을까? 슬슬 4점 골을 노리러 가자.

**하일** : 알았어. 우선 확실하게 결판내자!

떼굴떼굴, 떼굴떼굴……. 하일·철이 팀의 로봇은 일찌감치 30개 정도의 탁구공을 골에 넣었습니다. 이것만으로도 가볍게 100점을 획득했습니다.

좋아, 우리도 30개 정도 모아넣었지. 한번 골에 넣어볼까?

 잠깐만! 그렇게 해서는 동점이 될 뿐이야. 탁구공은 전부 100개니까, 51개를 4점 골로 넣으면 자동으로 이겨. 이대로 한 번에 50개 이상 본체에 모아 넣자. 그런 다음 신중하게 골을 노리자!

 그렇구나. 알았어. 두 로봇 모두 성능은 서로 비슷하니까 전술이 중요할지도 모르지. 좋아!

그렇게 말하고 신재는 더욱더 탁구공 모으기에 힘썼습니다. 경기 시작 1분에 50개 이상, 대체로 60개 정도 모을 수 있습니다. 이것을 모두 4점 골에 넣으면 자동으로 승리입니다. 이에 비해 하일·철이 팀은 1회전에서 약 30개를 골인시킨 후 골을 더 넣고 있습니다.

"골인, 골인!" "빨리 결판내자!"

 그럼 한꺼번에 모아서 골인시킨다!

떼구르르~, 턱 하는 순간, 지금까지 확실하게 4점 골을 노리던 신재의 손놀림이 어긋났습니다.

위험하다. 손놀림이 잘 안 돼.

그때는 이미 늦었습니다. 모아놓은 탁구공 중 40개는 4점 골로 들어갔으나 남은 20개는 거의가 빗나가버린 데다가 상대방의 1점 골에 들어가 버렸습니다. 그리고 여기서 경기 종료의 신호가 울렸습니다. 득점은 다음과 같습니다.

하일·철이 팀 : 4점×38개+1점×13개=165점
신재·진일 팀 : 4점×40개=160점

미안, 미안해. 너무 큰 함성 소리 때문에 손놀림이 어긋났나봐.

 아직 진 것은 아니니까 다음 시합에서 전력을 다해 도전하자! 다음에는 내가 조종할게.

 응, 알았어. 그럼 다음 시합을 부탁해.

이어지는 2시합째. 1시합 때와 같이 2대의 로봇은 순조롭게 움직이기 시작했습니다. 우선 두 팀 모두 30개 정도 본체에 모아 넣었습니다. 이번에는 신재·진일 팀도 이 정도에서 한번 골을 노리러 가는 것 같습니다. 떼구르르~. 전부 4점 존에 들어갔습니다. 이로써 120점입니다.

 자, 다음. 다시 한 번 모아넣자!

진일이 다음 공을 노리러 갔을 때입니다. 하일·철이 팀의 로봇이 골문 앞에서 어찌할 바를 모른 채 서있었습니다. 어찌된 일일까요?

하일 : 이상해, 움직이질 않아!

철이 : 무한궤도의 부분이 공회전하고 있어.

탁구공을 모아 넣는 것까지는 괜찮았는데 골에 필요한 무한궤도 부분이 공회전하며 움직이지 않게 된 것입니다. 이것은 치명적인 문제라 안 됐지만 이대로 경기 종료입니다.

하일·철이 팀 : 0점
신재·진일 팀 : 4점×71개=284점

신재·진일 팀의 로봇은 상대 로봇이 움직이지 않기도 했지만 71개의 탁구공을 4점 존에 넣을 수 있었습니다. 이때 남은 29개는 하일·철이 팀의 로봇 속에 있었으므로 경기 종료 시에는 1개의 탁구공도 남아있지 않았습니다.

이로써 1승1패가 되어 승부는 3시합째로 넘어가게 되었습니다. 하지만 하일·철이 팀 로봇의 무한궤도는 회복되지 못했습니다. 그 뿐만 아니라 본체를 움직이는 타이어에도 트러블이 발생해 로봇이 전혀 움직이지 않게 되었습니다. 탁구공이 로봇 아래에 걸려버린 것이 원인으로 운이 나쁘다고밖에 말할 수 없습니다.

　그 결과, 신재·진일 팀이 승리하였습니다. 상대 로봇이 움직이지 않은 것도 한몫한 데다 경기장을 자유롭게 확보하던 로봇이 100개의 탁구공 중 90개를 4점 존에 넣어 지금까지 중 최고 득점인 360점을 획득한 것입니다. 이에 관객석에서는 또다시 함성이 울려퍼졌습니다.

▲ 그림 1-47 360점을 획득한 신재·진일 팀의 로봇

# 제 1 장 신입생 로봇 콘테스트 개최

## 19 운명의 결승전

　결승전은 전부 알루미늄제로 만든 튼튼한 로봇을 내세워 이겨 온 일우·혁이 팀과 대량으로 탁구공을 모아넣어 단번에 골인시키며 이겨 온 신재·진일 팀의 대결입니다.
　"준비, 시-작!" 이제 드디어 시작했습니다. 두 로봇 모두 순조롭게 움직이고 있습니다. 경기를 시작한 지 겨우 20초 만에 일우·혁이 팀의 로봇은 일찌감치 10개의 탁구공을 4점 존에 넣었습니다. 신재·진일 팀의 로봇은 지금까지 해온 것처럼 먼저 탁구공을 로봇 본체에 모아 넣었습니다. 그 사이에 일우·혁이 팀은 4점 골을 10개나 더 넣었습니다.
　"1분 경과!" 이때 신재·진일 팀의 로봇이 4점 존을 목표로 움직이기 시작했습니다.

 　좋아. 먼저 여기서 40개를 골인시킨다!

 　좋아, 해냈다. 이제, 앞으로 10개다!

　이런 중에도 일우·혁이 팀이 또 골을 넣고 있습니다. 이 시점에서의 득점은 4점 골이 약 40개씩입니다. 결승전답게 접전이 계속되고 있고, 대회장도 크게 술렁이고 있습니다. 남은 탁구공은 약 20개. 경기장 안에 넓게 흩어져 있기 때문에 지금부터 많이 주워 모으기 위해서는 열심히 돌아다녀야만 합니다.
　"남은 시간은 30초!" 일우·혁이 팀이 4점 골을 4개 넣었습니다. 신재·진일 팀은 아직 탁구공을 모아 넣고 있습니다. 이때 일우·혁이 팀은 2개를 4점 존에 더 집어넣었습니다.
　"남은 시간은 10초!" 이에 신재·진일 팀이 최후의 골을 향해 갑니다.

 　좋아, 이것이 우리가 가진 힘의 전부다. 간다~!

떼굴떼굴, 떼굴. 톡······. 탁구공이 4점 존에 빨려들어갔습니다.

"삐익-!" 여기서 경기 종료의 신호가 울립니다. 경기장 안에 남은 탁구공은 약 10개. 나머지는 모두 4점 골에 들어가 있습니다. 그러나 어디에 더 많이 들어가 있는지는 모릅니다.

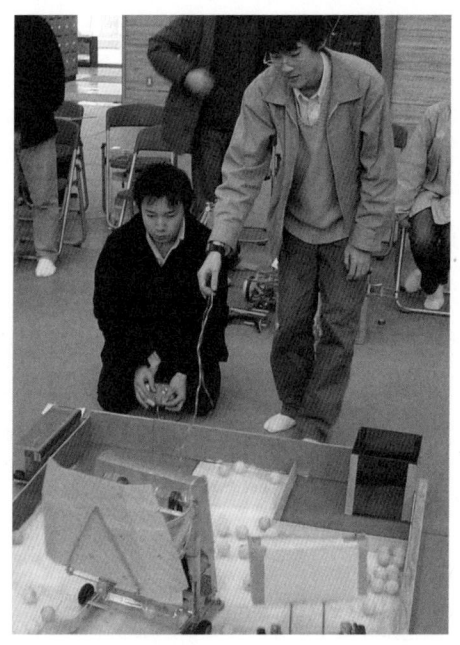

▲ 그림 1-48 들어 올리는 신재·진일 팀

 과연 어떻게 될까?

 음~, 이긴 것 같은데······.

두 사람 모두 자신 없는 모습입니다.

 결과를 발표하겠습니다. 지금 결승전 제1시합, 신재·진일 팀이 4점×47개로 188점, 일우·혁이 팀이 4점×43개로 172점. 따라서 신재·진일 팀의 승리!

와~! 와! 해냈다~!

 잘됐다, 잘됐어. 하지만 1회 또 이겨야 하니까 방심은 금물이야.

이 순간에도 냉정한 진일입니다.
 그리고 이어지는 2시합째. 접전이 예상되었지만 일우·혁이 팀의 로봇 상태가 나빠져 신재·진일 팀의 승리로 돌아갔습니다. 즉, 신재·진일 팀이 신입생 로봇 콘테스트에서 우승한 것입니다.

 진일아 고마워. 우승하리라곤 생각하지도 못했는데······.

 나야말로 정말 고마워. 새로운 학교생활에서 멋진 스타트를 하게 돼서 나도 기뻐. 앞으로도 잘 부탁해.

 나야말로 잘 부탁해.

## 칼럼
## 링크와 캠

로봇이 움직이는 구조인 메커니즘에 대해 생각해보자. 그림처럼 원통 가운데 인형이 들어 있을 때 원통 부분에서 나와 있는 축을 회전시켜 인형의 머리가 상하로 움직이도록 하기 위해서는 '?' 부분에 어떤 메커니즘을 사용하면 좋을까?

[정답 1] 캠 기구

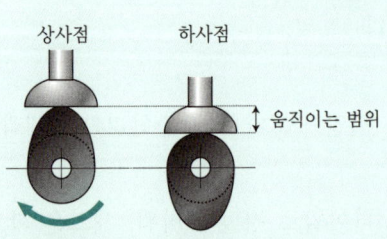

캠 기구를 사용한다. 캠 기구는 다양한 형태를 가진 캠을 원동절(原動節)로 하고, 이것에 접촉하는 종동절(從動節)에 왕복 운동을 시킴으로써 다양한 운동을 만들어내는 메커니즘이다. 이 인형의 경우에는 계란형의 캠을 사용함으로써 회전 운동을 왕복 운동으로 변환시킬 수 있다. 이 메커니즘은 자동차의 밸브 등에도 사용되고 있다.

[정답 2] 크랭크 기구

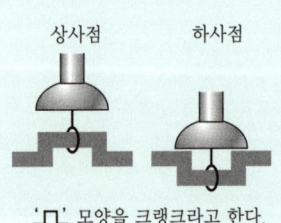

'⌐⌐' 모양을 크랭크라고 한다.

크랭크 기구를 사용한다. 크랭크 기구는 링크라는 가느다란 봉을 끼워넣어 서로 회전이나 미끄러짐의 운동을 만들어내는 메커니즘이다. 이 인형의 경우에는 '⌐⌐' 모양을 한 크랭크를 사용함으로써 회전 운동을 왕복 운동으로 변환시킬 수 있다. 이 메커니즘은 자동차의 엔진에서 회전 운동을 만들어내는 부분에도 사용되고 있다.

이 2가지 메커니즘 외에도 좋은 아이디어가 없는지 생각해보기 바란다.

그리고 머릿속에서만 생각하지 말고 반드시 자신의 손으로 그 메커니즘을 설계하고 제작해 보는 것! 이것이 가장 중요하다.

# 제2장

## 2학년 수업 견학하기

### -로봇 설계와 나사-

로봇 제작 학교에는 로봇 제작에 관한 수업이 다양하게 진행됩니다. 어느 수업이든 강의뿐만 아니라 학생들이 직접 만들기나 실험에 반드시 참가한다는 것이 특징입니다. 여기서는 2학년의 '로봇 설계' 수업 과정을 들여다봅시다. 수업 담당은 로봇학과 부학과장이신 유명한 교수님입니다. 오늘의 수업 주제는 '나사'입니다. 로봇 제작과 나사는 어떤 관계가 있는지 살펴봅시다.

이 장의 주요 등장 인물

기택　　근환　　봉석　　유명한 교수

제 · 2 · 장 · 2 · 학 · 년 · 수 · 업 · 견 · 학 · 하 · 기

# 1 수업의 주제는 '나사'

오늘은 나사에 대해 배워보기로 합시다. 여러분 중 나사의 용도에 대해 설명할 수 있는 사람이 있나요?

나사는 어떤 부품을 조여 붙이고 움직이지 않게 고정시키는 역할을 하는 것이라고 생각합니다.

움직이지 않게 하는 것뿐만 아니라 움직이는 부분에 사용되는 나사도 있습니다. 예를 들면 선반(旋盤)에 사용되는 나사 등입니다.

맞아요, 여러분 모두 잘 알고 있네요.
나사의 용도는 크게 나눠 3가지입니다. 첫째는 부품을 조여 붙이기 위한 체결용, 또 하나는 움직이는 부분에 사용되는 운동용. 그리고 마지막 하나는 위치 등을 조정하는 위치 결정용으로 계측기 등에 사용되고 있어요. 예를 들어, 마이크로미터(micrometer)는 나사를 이용해서 직선 변위를 회전각으로 변환하는 것으로, 눈금을 확대시켜 줍니다.

교수님, 마이크로미터란 무엇인가요?

이런 이런, 2학년 학생들은 아직 사용한 적이 없었던가요? 길이 계측에 자주 사용되고 있는 것이 캘리퍼(caliper)인데, 캘리퍼가 1/20mm, 즉 0.05mm의 길이까지만 계측할 수 있는 데 비해 마이크로미터는 1/100mm, 즉 0.01mm의 정밀도까지 계측할 수 있습니다. 그러나 아무리 1/100mm의 값을 지시해도 그대로는 육안으로 읽을 수 없기 때문에 나사를 사용해서 눈금을 확대해야 하는 거예요.

▲ 그림 2-1 캘리퍼

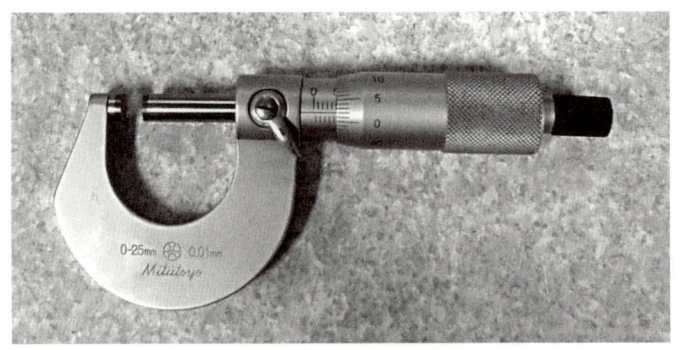

▲ 그림 2-2 마이크로미터

 교수님, 로봇을 만드는 데 1/100mm의 정밀도가 필요한가요?

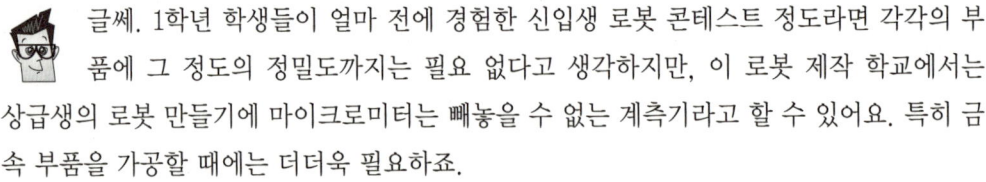 글쎄. 1학년 학생들이 얼마 전에 경험한 신입생 로봇 콘테스트 정도라면 각각의 부품에 그 정도의 정밀도까지는 필요 없다고 생각하지만, 이 로봇 제작 학교에서는 상급생의 로봇 만들기에 마이크로미터는 빼놓을 수 없는 계측기라고 할 수 있어요. 특히 금속 부품을 가공할 때에는 더더욱 필요하죠.

 아~, 로봇의 금속 부품은 1/100mm의 정밀도가 필요한 것인가요?

 전부 다 그렇다고는 할 수 없지만 적어도 하급생일 때 캘리퍼를 능숙하게 다룰 수 있도록 실습해두어야 합니다.

캘리퍼를 읽는 방법이라면 문제없어요. 어제 실습에서도 몇 번 사용해봤거든요.

 마이크로미터도 꼭 다룰 수 있도록 실습해두세요.

 교수님. 지금은 나사인데요, 나사.

아차! 그렇군요. 나사였죠.
나사에는 여러 가지 종류가 있습니다. 종류를 살펴보기 전에 나사의 조이는 힘에 대해 먼저 생각해봅시다.

교수님은 나사에 대해 다음과 같이 설명하시기 시작했습니다.

## 2 나사의 기초

나사에는 나사산이 원통의 바깥에 있는 수나사와 원통의 안쪽에 있는 암나사가 있습니다. 또한 나사산의 감는 방향에 따라 오른 나사와 왼나사로 구분하지만, 일반적으로는 오른 나사가 많이 사용됩니다.

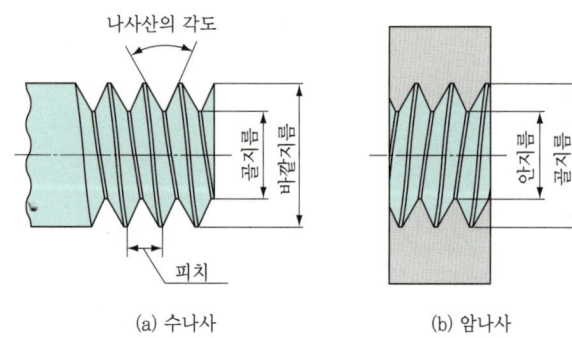

▲ 그림 2-3 삼각 나사의 수나사와 암나사

나사의 규격은 KS(한국공업규격) 등에 자세히 분류되어 있으며, 대표적인 것으로는 나사산의 단면이 삼각형으로 되어 있는 삼각 나사를 들 수 있습니다. 그 외에도 각나사 및 사다리꼴 나사가 있습니다.

나사의 형식이나 지름은 나사의 호칭에 따라 표시됩니다. 예를 들어, 미터 보통 나사(나사산의 각도가 60°인 삼각 나사)라면 나사의 호칭은 M이고, 수나사의 바깥지름이 3mm인 것은 M3라는 기호로 표시됩니다.

또한 인접하는 나사산의 간격을 피치(pitch)라고 하며, M3의 보통 나사에는 0.5mm로 되어 있습니다. 또한 가는 나사라고 하여 이것보다 피치가 가는 나사도 있습니다. 가는 나사는 나사산의 높이도 보통 나사보다 낮게 되어 있어 표면이 얇은 곳의 조임에 적합합니다.

일반적으로 나사의 호칭 치수가 8mm 이하인 나사를 작은 나사라고 하며, M2, M3, M4, M5, M6, M8 등이 주로 사용됩니다. 나사의 호칭 치수가 같더라도 길이가 다른 것이 많이 있으며 길이가 5mm라면 'M3×5'와 같이 표시합니다.

나사에 대한 기초는 이제 잘 알았어요. 로봇 만들기에 사용할 때에는 나사의 호칭 치수와 길이를 정한 다음에 선택하는 것이 좋겠네요.

음, 처음은 그렇게 해도 좋겠지만, 좀 더 알아두어야 할 것들은 나중에 설명하죠. 그런데 봉석 군, 나사머리는 어떤 모양으로 되어 있는지 알고 있나요?

나사머리는 플러스(+)와 마이너스(−)의 모양으로 되어 있습니다.

그렇지. 나사를 돌리는 드라이버에도 (+)와 (−)가 있어요. 그러나 최근에는 거의 (+) 나사밖에 사용되지 않는데 왜 그럴까요?

(−) 드라이버라면 (+)와 (−) 모두 조일 수 있어 편리할 것 같은데요. (−) 나사가 사용되지 않게 된 이유는 잘 모르겠습니다.

머리 부분이 (−)인 것을 흔히 일자(一字) 드라이버라고도 하는데, 나사를 조이는 방법으로는 어떨까요? 머리 부분이 (+)와 (−)인 것 중 어떤 것이 확실하게 조일 수 있을까요?

(+)는 나사머리가 십자형이어서 확실히 조일 수 있지 않을까요? (−)는 드라이버가 기울어지면 나사가 비스듬하게 들어가거나 나사머리가 미끄러져 깎여버릴 것 같아요.

그래요. 부연하자면 자동 조립 공장에서는 나사 조임을 사람의 손으로 하지 않고 기계가 하기 때문에 정확성을 생각한다면 나사의 머리 부분이 (−)보다는 (+)쪽이 좋겠죠.

아하, 그럴 수도 있겠네요. 그런데 교수님, 같은 (+) 머리라 해도 나사머리의 형태에는 둥근 것이나 평평한 것도 있는 것 같은데, 그 규격도 정해져 있나요?

좋은 질문이에요. 이제 막 그 설명을 하려던 참이었는데, 다음 나사를 보세요.

교수님은 여러 가지 모양의 나사를 꺼내어 학생들 앞에 늘어놓으셨습니다.

 어떻습니까? 차이점을 알 수 있겠어요?

 둥근 것과 평평한 것이 있어요.

 그렇죠. 그럼 이것들을 분류해봅시다.

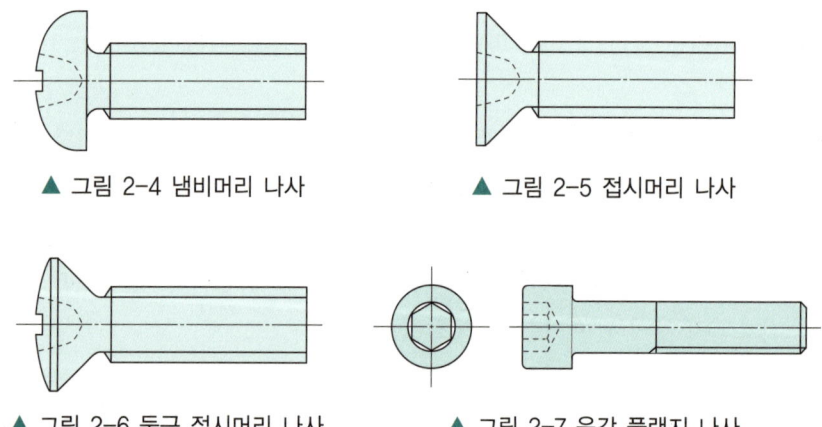

▲ 그림 2-4 냄비머리 나사　　　　▲ 그림 2-5 접시머리 나사

▲ 그림 2-6 둥근 접시머리 나사　　▲ 그림 2-7 육각 플랜지 나사

　작은 나사의 머리 부분은 (+)자형이 일반적입니다. 더욱이 그 모양은 냄비·접시·둥근 접시 등으로 분류할 수 있습니다. 예를 들어, 나사머리가 나와 있어도 문제가 없을 때에는 냄비머리로도 괜찮지만 나사머리가 나오지 않게 해야 할 때에는 접시머리를 사용해야 합니다. 그러나 접시머리를 사용하기 위해서는 붙일 곳에 나사머리가 묻힐 만큼 홈이 없으면 안 되므로 부품을 가공해야 할 때도 있어요.
　머리 부분이 육각 플랜지인 것도 있죠. 이것은 육각 렌치를 사용해서 조이기 때문에 확실하게 나사를 조일 수 있습니다. 또한 나사를 조여 붙일 때, 암나사가 끝난 본체에 더 들어가 묻히거나, 붙이는 부품을 관통시켜 너트로 조여서 사용합니다.

## 3 로봇의 나사

나사에 대해 많은 것을 알게 되었습니다. 하지만 로봇을 만들 경우에도 나사를 선택할 때 그렇게까지 신중하게 해야 하나요?

신입생 로봇 콘테스트 때에는 분명히 M3의 냄비머리 나사만 사용했던 것 같아요. 길이는 생각했지만 그저 앞에 놓여있었던 것을 사용했을 뿐이었습니다.

글쎄, 그렇게까지 까다롭게 선택하지 않아도 되는 경우에는 그렇게 해도 상관없지만 실제의 기계 설계에서는 나사 하나에 힘이 얼마나 작용하는지를 정확히 계산해서 사용하고 있어요. 강도 부족으로 나사 하나가 파손되면 그 기계 전체가 망가져버리거나 그것이 걸림이 되어 큰 사고가 발생하기 때문이죠.

그럴 경우에는 더 굵은 나사를 사용해야 하나요?

그렇죠. 같은 재질이라면 그렇게 해야 합니다. 그러나 같은 굵기의 나사라도 재질이 다른 것을 사용하여 강도를 높이는 경우도 있습니다.

그렇겠네요.

이족(二足) 보행 로봇 등에 적합한 나사는 역시 가볍고 튼튼한 것이어야 합니다. 가늘고 튼튼한 것이라고 하는 편이 좋겠네요. 그리고 나사머리 부분이 두드러지지 않도록 좀 더 얇게 한다든지 할 필요도 있어요. 그래서 로봇을 만들기 위해서는 나사의 형상이나 재질에 관한 지식을 갖추는 것이 중요합니다.

오늘은 특히 재질의 차이에 대해 설명하려고 합니다. 최근의 로봇은 정말로 나사 하나까지 꼼꼼히 신경 써서 만들고 있다고 할 수 있어요.

 그렇군요~. 나사 선택이 그렇게 중요하다고는 생각하지 못했습니다.

 앞으로 기계 설계 수업 시간에 자세히 배울 것이므로 그때 정확히 배워두세요. 여러분이 제작할 크기의 로봇의 경우에는 M3를 선택하면 별 문제가 없습니다. 기어 박스 등의 키트에 들어 있는 나사도 거의가 M3이므로 꼭 M4로 해야만 할 이유는 없으니까요.

 잘 알았습니다.

 그러면 최근의 로봇에 사용되는 나사를 몇 가지 소개하죠. 먼저, 이 나사를 보세요. 보통 나사와는 조금 색깔이 다른데, 이 나사의 재질은 무엇일까요?

 어쩐지 1원짜리 동전과 같은 색으로 보이는데요. 재질은…….

 알루미늄입니다. 강철보다 가볍기 때문에 로봇의 경량화에 알맞다고 생각합니다.

 맞습니다. 알루미늄의 비중은 강철의 약 1/3이므로 같은 크기의 나사라도 재질을 알루미늄으로 하면 약 1/3 정도 경량화할 수 있습니다.

겨우 나사 하나라고 생각할지도 모르겠지만 소형의 이족 보행 로봇이라 하더라도 서보 모터를 붙이는 부분 등에 100개 이상의 나사가 사용되고 있어요. 그렇게 생각하면 로봇 전체의 경량화라는 면에서 나사의 무게가 상당한 비중을 차지한다는 것을 알 수 있겠죠.

 하지만 교수님. 알루미늄이라고 하면 음료 캔에 사용되고 있는 재질을 말하는 것인가요? 그렇다면 강도가 부족할 것 같은데요. 다 마셔버린 캔은 쉽게 찌그러뜨릴 수 있으니까요.

아주 좋은 질문입니다. 분명히 알루미늄에는 강철보다 강도가 떨어지는 것이 많습니다. 하지만 알루미늄에도 여러 가지 종류가 있어요.

교수님은 슬라이드로 알루미늄 합금의 분류표를 보여주시면서 알루미늄 재료에 대해 설명하시기 시작했습니다.

▼ 알루미늄 합금의 분류표

| | |
|---|---|
| 1000번대 | 순Al계 |
| 2000번대 | Al-Cu계 |
| 3000번대 | Al-Mn계 |
| 4000번대 | Al-Si계 |
| 5000번대 | Al-Mg계 |
| 6000번대 | Al-Mg-Si계 |
| 7000번대 | Al-Zn-Mg계 |

기계 재료로 사용되고 있는 알루미늄은 순도 100%가 아니라, 강도를 높이기 위해서 등, 용도에 맞게 다른 금속을 섞어서 합금으로 만듭니다. 위 표에는 대략적인 분류가 표시되어 있지만 크게 나눠 1000번마다 합금 성분이 다르다는 것을 알 수 있습니다.

우리가 일반적으로 사용하고 있는 알루미늄 재료는 5000번대의 Al-Mg계로, 알루미늄에 마그네슘을 합금 성분으로 혼합한 것입니다. 이 재료는 가공성이나 내식성이 뛰어나 강도도 적당해 일반적인 구조 재료로 자주 사용되고 있으며, A5052 등이 있습니다.

2000번대의 Al-Cu계는 강도가 철강에 필적할 정도이며 A2017(두랄루민)이나 A2024(초두랄루민)가 대표적입니다. 그리고 Al 합금 중에서 가장 강도가 센 것은 7000번대의 Al-Zn-Mg계로, 대표적인 것은 A7075(초초두랄루민)입니다.

참고로 음료 캔에 사용되는 것은 3000번대의 Al-Mn계로, 강도보다는 성형성이나 내식성이 요구되는 용도에 사용됩니다. 음료 캔은 내부로부터 탄산 등으로 인해 부풀어 오르기 때문에 그렇게까지 강도가 필요하지는 않습니다. 오히려 다 마신 후 재활용하기 쉽게 강도가 세지 않은 것이 좋습니다. 또한 알루미늄 캔은 프레스 가공으로 연결 부분이 없는 모양으로 되어 있기 때문에 성형성이 좋은 이 재질을 사용하고 있는 것입니다.

▲ 그림 2-8 A7050 나사

 오호~. 알루미늄에 이렇게 많은 종류가 있는 줄은 몰랐어요.

 그렇다면 저는 지금부터 A7075를 사용해야겠어요.

 가장 가볍고 튼튼한 것을 사용한다면 틀림없을 테니까.

 잠깐, 그렇게 쉽게 결론을 내리면 곤란해요. 자, 먼저 이쪽 재질의 나사도 보세요. 그럼, 이 재질은 뭐라고 생각하나요?

▲ 그림 2-9 TW340 나사(M3×8)

 조금 거무스름한 색인데, 어쩐지 튼튼해 보여요.

응, 글쎄 뭘까?

 나사 이외에는 아직 그다지 자주 볼 수 있는 재질은 아니기 때문에 잘 모를 것 같은데 이것은 티탄(Titan) 나사입니다.

 티탄! 들은 적은 있어요. 멋있는 이름인데요.

 티탄은 내식성, 비자성, 내열성이 좋을 뿐만 아니라 경량(철의 60%)이라는 특징이 있어서 현재 하이테크 기기에 알맞은 나사로 주목받고 있어요.
　하지만 가공성이 좋지 않고 가격도 비싸서 보급이 잘 되고 있지 않지만 앞으로 용도는 더욱더 다양해질 것이라고 생각합니다.

 티탄에도 여러 합금이 있나요?

 네. 그런데 티탄은 아직 그렇게 자세히 분류되어 있지는 않아요. 가볍고 내식성은 뛰어나지만 순티탄은 강도가 그다지 세지 않아요. 로봇에 사용할 목적으로 가볍고 튼튼한 것을 원한다면 알루미늄 합금 쪽이 좋겠죠.

 교수님, 이 나사 말인데요. 어쩐지 머리 부분이 평평한 듯한데요…….

 아차, 말한다는 걸 깜박 잊었네요. 이 티탄 나사는 머리 부분의 높이가 M3 냄비머리 나사의 약 반인 0.9mm, 머리 부분의 바깥지름은 냄비머리와 같은 $\phi 5.5$, 십자 구멍은 M2.5를 사용하고 있어요.

 역시 얇게 되어 있네요.

 소형의 이족(二足) 보행 로봇의 대부분은 알루미늄판으로 만들어져 있어요. 판의 두께는 1.5mm 정도의 얇은 것이 많아서 접시 나사를 사용할 수 없죠. 이것은 육각 플랜지의 보턴 헤드 형상의 티탄 나사입니다. 확실히 조일 수 있어서 로봇용 나사로서도 인기가 좋아요.

▲ 그림 2-10 육각 플랜지 나사(M2×4 순티탄 2종)

 그런데 교수님. 나사 1개의 가격은 어느 정도인가요?
전혀 짐작도 못하겠는데요…….

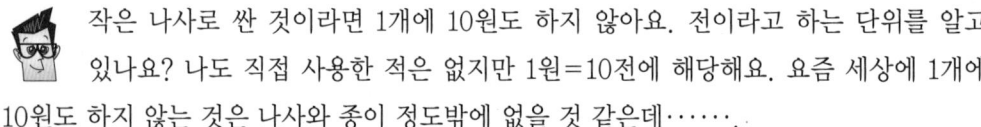
작은 나사로 싼 것이라면 1개에 10원도 하지 않아요. 전이라고 하는 단위를 알고 있나요? 나도 직접 사용한 적은 없지만 1원=10전에 해당해요. 요즘 세상에 1개에 10원도 하지 않는 것은 나사와 종이 정도밖에 없을 것 같은데…….

 하지만 저도 전이라는 돈은 본 적이 없어요…….

실제로 작은 나사를 1개 단위로 팔고 있는 가게는 거의 없어요. 대개 보통은 10개나 100개 단위로 팔고 있으니까요. 크고 작은 것의 평균을 내서 1개당 가격을 구하면 25원 정도 된다고 할 수 있겠죠.

그렇다면 알루미늄이나 티탄 등 하이테크 소재의 나사는 가격이 어느 정도일까요?

대개 1개당 300~700원 정도 해요. 비싼 것은 1개에 1,000원 이상 하는 것도 있고, 그 중에는 3,000원을 넘는 나사도 있어요.
다만, 같은 나사라도 10개를 파는 것과 1,000개를 파는 것의 경우 1,000개를 묶어서 팔아 값이 싸게 되는 것이 보통입니다.

비싼 나사라면 300~700원 정도 하나요? 그렇게 비싸진 않네요.

 음, 비싸고, 싸고는 사람에 따라 생각이 다르겠지만 재질에 따라서는 1개 10원이면 될 것이 300~700원 정도 하는 것이라고 할 수 있죠. 그 나름의 장점이 없다면 구입하려 들지 않겠죠?

 네, 로봇 1대에 100개의 나사를 사용한다면 나사만으로도 상당한 금액을 지불해야겠네요.

 그렇습니다. 그것은 로봇 만들기 전반에 걸쳐 해당되는 말이라고 할 수 있는데, 적재적소라고 하는 단어를 늘 염두에 두어야 합니다.

 오늘은 나사를 선택하는 방법에 대해 배우면서 나사의 중요함을 새롭게 알게 되었습니다. 감사합니다.

 다행이네요.
그럼 마지막으로 로봇용으로 개발된 것으로, 인기를 얻고 있는 그 밖의 나사를 몇 가지 소개하죠.

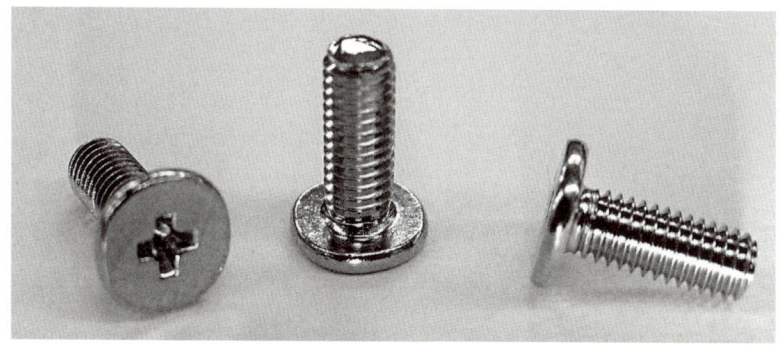

▲ 그림 2-11 접시머리 작은 나사(M3×6 니켈 도금)

▲ 그림 2-12 얇은 접시머리 작은 나사(M2.6×3 흑아연 도금)

이러한 나사의 재질은 모두 철이지만 각각 니켈과 흑아연으로 도금 처리가 되어 있습니다. 강도는 그다지 세지 않지만 머리 부분이 얇게 되어 있는 것이 특징입니다. 여러분도 나사를 선택할 때는 이런 부분을 염두에 두고 선택하기 바랍니다.

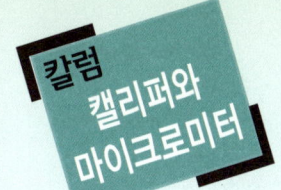
## 칼럼
### 캘리퍼와 마이크로미터

　로봇 부품 제작에 있어서 길이의 계측은 빼놓을 수 없는 부분이다. 간단히 할 수 있는 두꺼운 종이 공작에서도 1mm 정도의 정밀도를 무시한 채 표시하지 않으면 움직이는 부품이 맞물리는 부분 등에서 크게 어긋나 버리고 만다. 금속 부품의 제작에서는 1/20mm의 정밀도를 나타내는 캘리퍼나 1/100mm의 정밀도를 나타내는 마이크로미터 등을 적절히 사용할 수 있도록 숙지해두어야 한다. 여기서는 캘리퍼와 마이크로미터의 눈금을 읽는 방법을 설명한다.

### 캘리퍼
　캘리퍼는 공작물을 끼워 그 바깥지름이나 안지름 또는 구멍의 깊이 등을 측정하는 것이다.

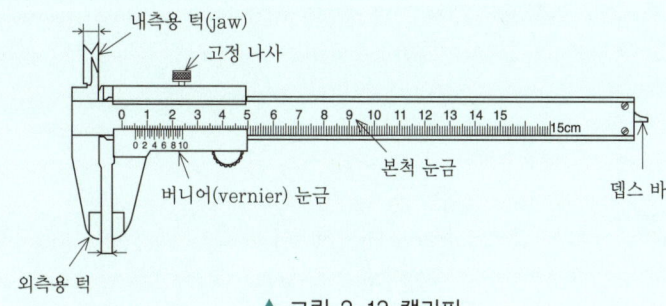
▲ 그림 2-13 캘리퍼

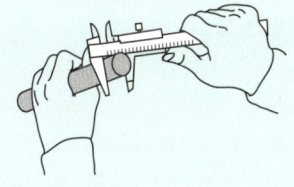
▲ 그림 2-14 바깥지름의 측정

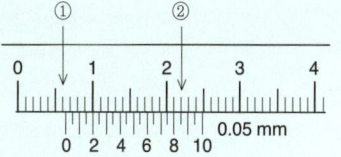
▲ 그림 2-15 캘리퍼 읽는 법

[측정 방법]
① 버니어(부척) 눈금이 0인 부분의 바로 왼쪽 위에 있는 본척의 눈금을 읽는다.
　그림 2-15에서는 6mm
② 버니어 눈금과 본척의 눈금이 일치하는 부분을 찾아내어 읽는데, 이것을 버니어 눈금이라고 한다.
　그림 2-15에서는 0.85mm
③ ①과 ②에서 읽은 치수를 더한 것을 측정값이라고 한다.
　6+0.85=6.85mm

## 마이크로미터(micrometer)

마이크로미터는 공작물을 끼워 그 바깥지름을 측정하는 것이다. 래칫 스톱에는 측정압을 일정하게 하는 기능이 있다.

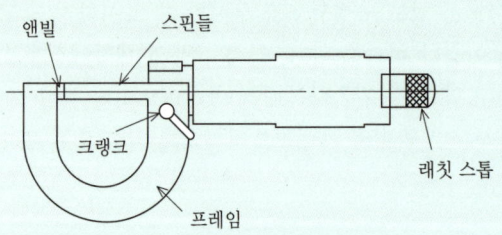

▲ 그림 2-16 마이크로미터

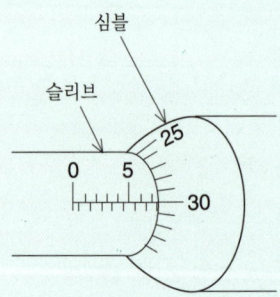

▲ 그림 2-17 마이크로미터 읽는 법

[측정 방법]
① 슬리브 눈금이 심블에 가리우기 전의 눈금을 읽는다.
　그림 2-17에서는 7.5mm
② 슬리브의 축 선상에 있는 심블의 눈금을 읽는다.
　그림 2-17에서는 0.30mm
③ ①과 ②에서 읽은 치수를 더한 것을 측정값이라고 한다.
　7.5+0.30 =7.80mm

인용문헌 *1 카도다 가즈오 : 「새로운 기계 교과서」, 옴사, 2004.

# 제3장

## '대 로봇 축제' 견학하기
### -가을축제-

로봇 제작 학교의 축제인 '대 로봇 축제'는 매년 10월 첫째 주 토, 일요일에 개최되고 있는 빅 이벤트입니다. 대회장에는 학생들이 만든 여러 가지 로봇의 전시와 실연이 행해지는 것 외에도 로봇 연구자를 초청해 다양한 특별 강의도 실시되고 있습니다. 또한 로봇 콘테스트도 여기저기서 개최되고 있습니다. 1학년생인 신재와 진일은 자신들도 몇 가지 기획 운영을 맡게 된 첫 축제에 가슴이 두근거립니다. 여기서는 이러한 두 사람의 축제 견학기를 소개합니다.

이 장의 주요 등장 인물

신재　진일　연호 선배　위대한 교수　유명한 교수　백발 교수

제 3 장 대 로 봇 축 제 견 학 하 기

# 1 로봇 VS 인간의 축구 대결

 우리가 제일 먼저 견학할 것은 축구 로봇 강연회인데, 장소는 어디지?

 입구가 이 근처인 것 같은데……. 찾았다! 여기야.

 강연 주제가 '2050년에 축구 로봇은 인간을 이길 수 있을까?'인데, 재미있을 것 같아.

 수업시간에도 설명을 들었지만 오늘은 실제로 축구 로봇에 대해 연구를 하고 계신 교수님이 강연하러 오신다고 하던데.

두 사람은 강연회장으로 들어갔습니다. 강연회장은 벌써 사람들로 만원입니다.

 오늘은 로봇 창조 대학의 백발 교수님께서 강연을 해주시겠습니다. 소중한 기회이므로 잘 듣고 질문을 많이 해주시기 바랍니다.
그럼 교수님, 부탁드립니다.

 여러분 안녕하십니까?
오늘은 그 동안의 로봇 연구에 대한 성과를 살펴봄과 동시에, 2050년에는 축구 로봇이 인간을 이길 수 있을지에 대해 생각해보고자 합니다.
여기서 말하는 축구 로봇이란 누군가가 원격으로 조종하는 것이 아니라 로봇 자신이 지능을 가지고 있어 자신들이 판단하면서 경기를 진행하는 로봇을 말합니다.

▲ 그림 3-1 로보컵의 모습

　백발 교수님은 강연에서 로봇에게 체스를 시키는 것과 축구를 시키는 것의 차이나 공간을 자유로이 이동하는 것의 어려움, 11대의 로봇이 연계하면서 움직이는 것의 어려움, 골을 정확히 인식시키는 것의 어려움 등을 다양한 측면에서 알기 쉽게 설명해 주셨습니다.
　신재와 진일은 로봇에게 축구를 시키기 위해서는 다양한 기술이 필요하다는 것을 다시 한 번 실감했습니다.

 　2050년에는 축구 로봇이 인간과 다를 바 없어지게 되어 이길 거라고 생각하는데, 너는 강의를 듣고 어떻게 생각했어?

 　나는 이기지 못할 것이라 느꼈어. 아직도 다양한 기술 개발이 필요하니까. 라이트 형제가 첫 비행을 하고 인류는 겨우 수십 년 만에 지구상은 물론 달에까지 도착했어. 그러니 컴퓨터의 발전이 가속화되고 있는 21세기에는 수년 만에 로봇 성능도 크게 향상되리라고 생각하겠지만 로봇에게 축구를 시키는 것은 상당히 어려운 일이라고 생각해.

　그런 비관적인 말은 좋지 않은데, 너답지 않아.

　아니, 물론 나도 앞으로 축구 로봇 기술자가 될 생각이니까 다양한 과제를 다루어 보려고 해. 하지만 인간에게 상처 주는 일 없이 로봇에게 축구를 시킨다는 것은 로봇이 인간에 더욱 가까워진다고 해야 할까? 아니면 더욱 유연해지고 있다고 해야 할까……

로봇이 인간과 대등한 축구를 하게 된다면, 그 로봇은 인간과 똑같이 되어 있지 않을까 하는 생각은 하고 있어. 하지만 인조 인간을 만드는 것 같아서 어쩐지 무서운 생각이 들어.

그건, 그래. 그렇게 되면 어쩐지 인조 인간에게 인류가 위협을 당하게 될 날이 올 것 같아서…….

하지만 지나친 비약이라 생각해. 괜찮을 거야. 로봇은 그런 방향으로 진화하지 않을 테니까.

제 · 3 · 장 · 대 · 로 · 봇 · 축 · 제 · 견 · 학 · 하 · 기

## 2  에도시대의 자동 인형

예상하지 못했던 강연을 통해 미래의 로봇에 대해 생각하게 된 두 사람은 당황한 듯합니다. 다음으로 방문한 곳은 로봇의 역사 존입니다. 여기에는 일본 에도시대의 자동 로봇이 전시되어 있습니다.

 차를 나르는 인형은 알고 있었지만 그게 로봇이야?

 찻잔을 놓으면 손님이 있는 곳까지 옮겨주고, 차를 다 마셔서 놓아두면 원래 위치로 돌아가는 로봇이지.
에도시대에는 지금의 로봇처럼 사람들을 상당히 놀라게 했을 거야.

▲ 그림 3-2 차를 나르는 인형

이것이 그 내부구나. 어떤 구조로 움직이는 걸까?

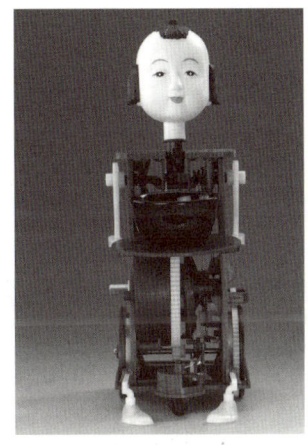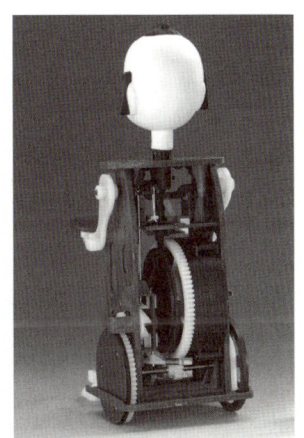

▲ 그림 3-3 차를 나르는 인형의 내부

 이 태엽이 동력원이군. 그리고 이 부분의 속도 조절 기구가 바퀴를 잘 움직이고 있는 것 같아. 에도시대에는 태엽에 고래수염이 사용되었대.

 오호~. 그렇구나. 역시 이것은 로봇의 시조라 할 수 있군.

 에도시대에 「기교도휘(機巧圖彙)」라는 해설서가 쓰여졌다고 하는데, 그것을 기본으로 현재도 여러 사람들이 복원하기 위해 노력하고 있어.

 우리도 해보면 좋겠다.

 저쪽에 실제로 체험할 수 있는 코너가 있는 것 같아. 가보자!

신재와 진일은 체험 코너에서 실제로 차를 나르는 인형을 조립해보기로 했습니다. 그리고 1시간 후……

 어휴~, 피곤하다. 거의 다 만들었다.

2. 에도시대의 자동 인형 105

설명서대로 만드는 것뿐인데. 그래도 구조가 어떻게 된 건지 잘 알게 되었어. 역전 방지 톱니바퀴가 이런 데 사용되고 있다니. 도무지 나로서는 생각해내지 못하는 메커니즘이야.

 그럼 태엽을 감아 움직여보자.

 움직였다, 움직였어!

▲ 그림 3-4 차를 나르는 인형의 실연

 차를 마시고 나서 찻잔을 놓으면……. 

 되돌아갔다, 되돌아갔어! 해냈다!

이번에 두 사람이 조립한 것은 학술 연구소에서 판매하고 있는 성인용 과학 시리즈인 '대 에도시대 자동 인형' 입니다. 한편 같은 장소에서 같은 성인용 과학 시리즈인 '활 쏘는 동자'의 실연도 이루어지고 있었습니다.

 활 쏘는 동자는 어떤 움직임을 보여줄까?

 이것은 인형 스스로 화살을 집어 연속해서 쏘는 거야. 동력은 차를 나르는 인형과 같은 태엽이지.

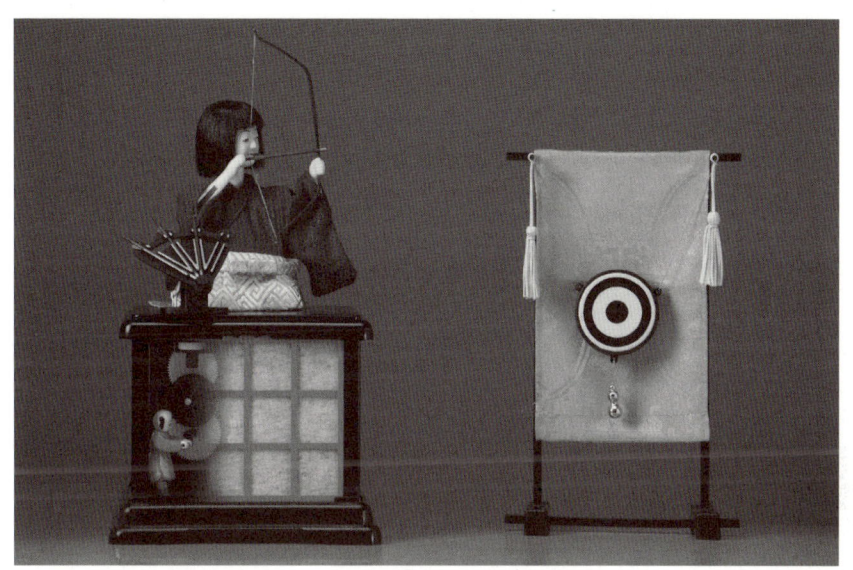

▲ 그림 3-5 활 쏘는 동자

 오호~. 그건 컴퓨터 제어로도 어렵지 않을까?

 그렇지. 이런 것을 에도시대에 실현하고 있었다니 놀랍군. 이것도 만들어볼 수 있을까?

 이건 키트로도 몇 시간은 걸릴 것 같아.

그곳에서 에도시대의 자동 인형 담당인 5학년생 연호 선배를 만났습니다.

 너희들은 1학년이구나. 신입생 로봇 콘테스트에서 우승한 멤버 맞지?

 네. 연호 선배님, 기억하고 계시네요.

 활 쏘는 동자도 만들어볼 수 있을까요?

2. 에도시대의 자동 인형 | 107

불가능한 건 아니지만 5시간은 걸릴 거야. 이번에는 우리가 새롭게 만들어 놓은 것을 실연하고 있어. 지금부터 시작할 거니까 꼭 보도록 해.

 네! 잘 보고 있겠습니다.

몇 분 후, 활 쏘는 동자의 실연이 시작되었습니다.

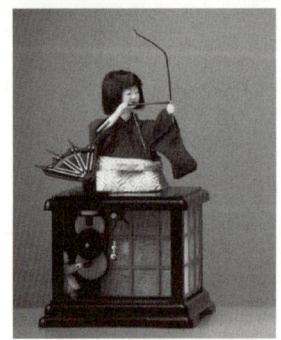  

▲ 그림 3-6 활 쏘는 동자의 실연

태엽을 감자, 인형이 움직이며 오른손으로 화살을 잡았습니다. 그리고 화살을 시위에 메겼는데, 그때 턱이 조금 올라갔습니다.
그런 다음 왼손을 늘려 시위를 당겨 과녁을 노리더니, 이내 화살을 날립니다. '휙!'

대단해, 명중이다!

 놀라워. 앗, 다시 다음 화살을 잡는 동작으로 들어갔어!

 어때? 움직임이 상당히 좋지?
옛날 자동 인형의 움직임을 알게 되면 너희들이 앞으로 로봇을 설계할 때에도 크게 도움이 될 거야.

제 · 3 · 장 · 대 · 로 · 봇 · 축 · 제 · 견 · 학 · 하 · 기

# 3 LEGO 로봇

다음으로 견학한 것은 레고(LEGO) 코너입니다. 여기서는 LEGO 블록을 활용한 다양한 이벤트가 진행되고 있습니다.

먼저, 친숙한 LEGO MINDSTORMS에 의한 라인 트레이스입니다. 이것은 빛 센서를 이용하여 하얀 종이에 그려진 검은 라인을 읽어가는 것입니다.

모터는 2개를 사용하기 때문에 하나를 모터 A, 다른 하나를 모터 B라고 합니다. 예를 들어, 검은 직선상을 나아갈 때에는 모터 A, B를 동시에 ON으로 합니다. 그리고 커브 부분에서 광 센서가 읽어들인 수치가 하얀색이 되면 다른 모터의 움직임을 멈추게 하고, 커브에서도 나아갈 수 있도록 프로그램을 작성해 놓습니다.

경기 대회에서는 코스를 10바퀴 도는 데 걸리는 시간을 겨루게 됩니다. 프로그램이 정확하게 되어 있어도 8~9회째 돌 때 블록이 떨어져 나가는 등의 트러블도 많이 발생해 매우 흥미진진합니다.

▲ 그림 3-7 LEGO MINDSTORMS에 의한 라인 트레이스 경기 대회

와아~, 재밌을 것 같아. 프로그램을 작성하면 자동으로 로봇이 움직이는구나.

 조종할 수 있는 것이 더 재밌을 것 같은데.

 이건 같은 과제라도 블록을 만드는 메커니즘을 중시하는지, 프로그램을 중시하는지에 따라 완전히 다른 로봇이 될 것 같아.

 너는 메커니즘을 중시하는 것 같아. 프로그램은 귀찮다고 말하기고 하고.

 그렇지 않아~. 둘 다 중시해서 조화를 이루는 로봇을 만들 거야.

 어쨌든, 2학년이 되면 수업시간에 만든다고 하니까 지금부터 기대가 된다.

다음 부스로 눈을 돌리자 초등학생 한 무리가 보였습니다.

'대 로봇 축제'는 다음 연도에 입학을 생각하고 있는 초등학생을 위한 설명회를 겸하고 있기 때문에 최첨단 로봇을 소개할 뿐만 아니라, 초등학생이 실제로 체험할 수 있는 다양한 이벤트도 실시하고 있습니다. 이 로봇 크리에이터도 레고 시리즈의 하나입니다. 종래의 레고 블록을 기본으로 하면서도 로봇의 관절 부분 등 실제에 가까운 움직임을 만들어낼 수 있는 몇 가지 부분을 추가함으로써 디자인 면에서도 뛰어난 로봇을 만들 수 있게 된 것입니다. 이것이 포인트가 되는 부품입니다. 이 블록을 팔이나 다리에 사용함으로써 인간의 관절과 같은 움직임을 만들어낼 수 있습니다.

▲ 그림 3-8 관절 부분에 사용되는 여러 가지 부품들

초등학생이라도 이러한 로봇은 만들 수 있습니다. 물론 조종해서 움직이는 것은 불가능하지만 지금이라도 움직일 것만 같습니다.

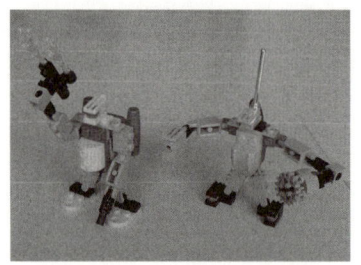 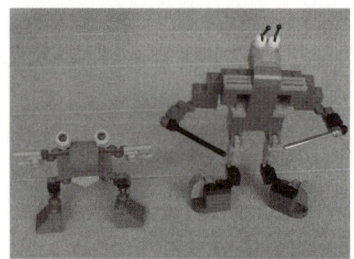

▲ 그림 3-9 로봇 크리에이터로 만든 로봇

 흠~, 레고로 이런 로봇을 만들 수도 있네.

 아무리 봐도 초등학생 작품이라고는 생각되지 않는데. 우리도 해보자!

그래서 두 사람이 만든 것이 이 로봇입니다.

▲ 그림 3-10 신재 팀이 만든 로봇

 야~, 재밌었어. 지금까지 본 레고 블록보다 세밀한 부분도 있고 아이들뿐만 아니라 어른들도 그 매력에 푹 빠질 것 같아.

LEGO MINDSTORMS와 합체시켜 움직이는 로봇도 만들 수 있도록 설계되어 있어서 재밌어.

 레고로 움직이는 이족(二足) 보행 로봇인가? 만들어보고 싶다~.

다양한 로봇을 보기도 하고 만져보기도 하는 동안, 눈 깜짝할 사이에 점심시간이 되었습니다.

오후부터는 2학년과 3학년이 참가하는 로봇 콘테스트를 관전하기로 했습니다. "로봇 제작 학교의 명물인 로봇 도시락을 먹고, 로봇 콘테스트 대회장으로!!" 하고 생각하고 있었는데 또다시 도중에 재미있는 로봇을 보게 되어 멈춰 서고 맙니다.

제 · 3 · 장 · 대 · 로 · 봇 · 축 · 제 · 견 · 학 · 하 · 기

## 4 수수께끼 게 로봇

 자, 서둘러 로봇 콘테스트 대회장으로 가야 해.
빨리 가지 않으면 시작하고 말 거야! 신재야 서둘러!

 잠깐 기다려, 진일아! 이것 좀 봐.

  거기에 나타난 것은 금속제로 만든 6개의 길쭉한 다리로 흐느적흐느적 움직이고 있는 게 모양의 로봇이었습니다.

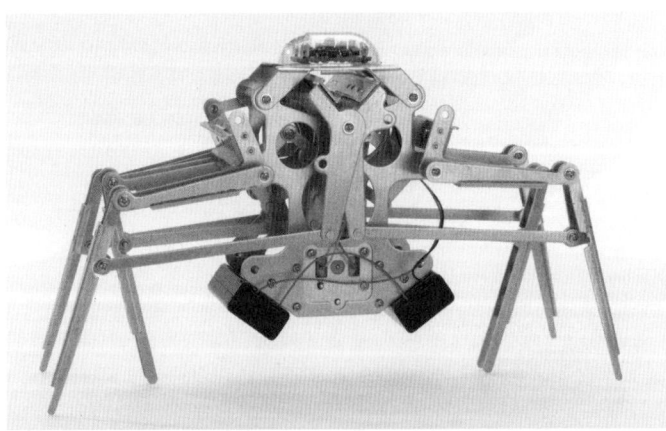

▲ 그림 3-11 메카모 크랩(게)

 와아~, 게 로봇이다! 정말 옆으로 걷고 있어.
매우 복잡한 링크 기계로 보이는데……

모터는 아무리 봐도 하나인 것 같은데……. 한 번의 회전 운동으로 어떻게 6개의 다리를 순서대로 움직이게 할 수 있는 걸까?

이 메카모 크랩도 자동 인형처럼 학술 연구소의 성인용 과학 시리즈입니다. 1972년에 발매되어 큰 인기를 끌었던 것을 부활시켰다고 합니다.
게 이외에도 지네나 자벌레처럼 움직이는 것도 있습니다.

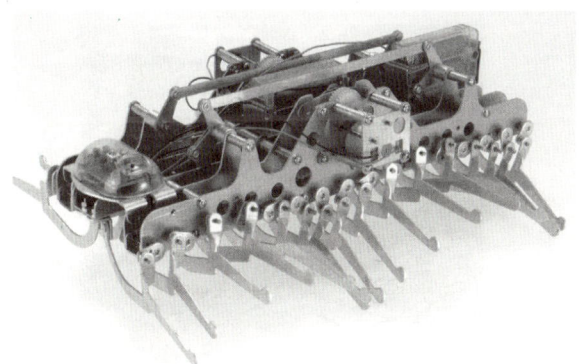

▲ 그림 3-12 메카모 센티피드(지네)

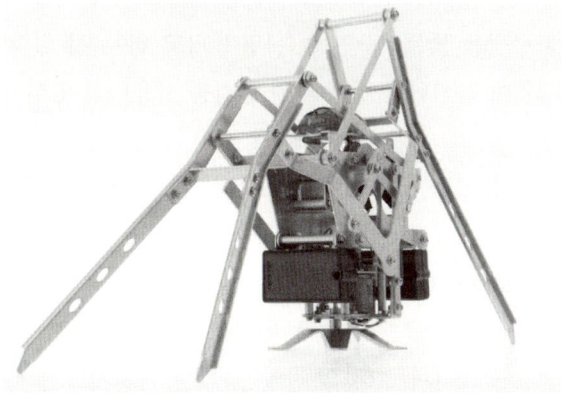

▲ 그림 3-13 메카모 인치 웜(자벌레)

 그런데 신재야, 이 게다리의 부품이 어떻게 만들어져 있는지 아니?

단순히 알루미늄판에 드릴로 구멍을 뚫어 구부린 것 같은데…….

 너라면 그렇게 말하지 않을까 생각했어. 하지만 이건 척 보기만 해도 드릴은 아니야. 이 구멍이 타원형으로 되어 있으니까 말이야.

 그럼, 대체 어떤 방법으로 구멍을 뚫었다고 생각하는 거야?

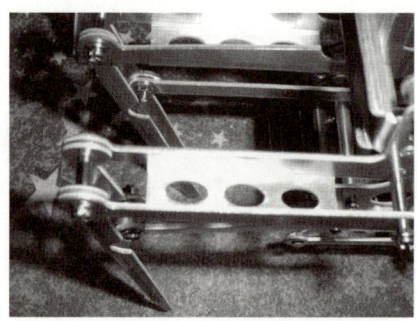

▲ 그림 3-14 부품 확대도

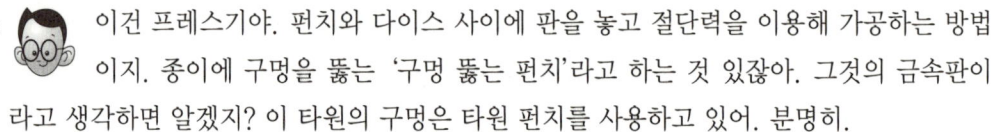 이건 프레스기야. 펀치와 다이스 사이에 판을 놓고 절단력을 이용해 가공하는 방법이지. 종이에 구멍을 뚫는 '구멍 뚫는 펀치'라고 하는 것 있잖아. 그것의 금속판이라고 생각하면 알겠지? 이 타원의 구멍은 타원 펀치를 사용하고 있어. 분명히.

 나라면 볼판에서 동글동글하게 드릴을 조금씩 움직이면서 구멍을 넓혀갈 것 같은데.

 위험해! 절대로 그렇게 사용해선 안 돼!!

 알고 있어, 알고 있다니까. 그런데 진일아, 너는 어떻게 그렇게 자세히 알고 있니?

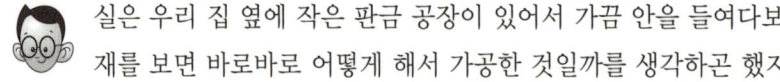 실은 우리 집 옆에 작은 판금 공장이 있어서 가끔 안을 들여다보곤 했어. 그래서 판재를 보면 바로바로 어떻게 해서 가공한 것일까를 생각하곤 했지.
　판을 구부리는 것은 신입생 로봇 콘테스트 때 유압의 곡면기를 사용했었기 때문에 기억하고 있지?

응, 그거 편리했었지.

 공장에 있는 곡면기는 위치를 정하는 기능 등 모두 수치 제어로 해. 물론 세세한 부분에서는 장인의 기술도 여러 가지 있긴 하지만.

　커다란 판재를 잘라내는 절단기 등 진일의 이야기는 끝없이 계속될 듯했지만, 중요한 일을 잊고 있었습니다. 두 사람은 로봇 콘테스트를 보러가는 중이었던 것입니다.

 앗, 잊어버렸다! 로봇 콘테스트가 시작되겠어.

 그랬지, 깜빡했다. 빨리 가자! 저쪽이다!

# 5 '대 로봇 축제' 로봇 콘테스트

▲ 그림 3-15 로봇 콘테스트 경기장

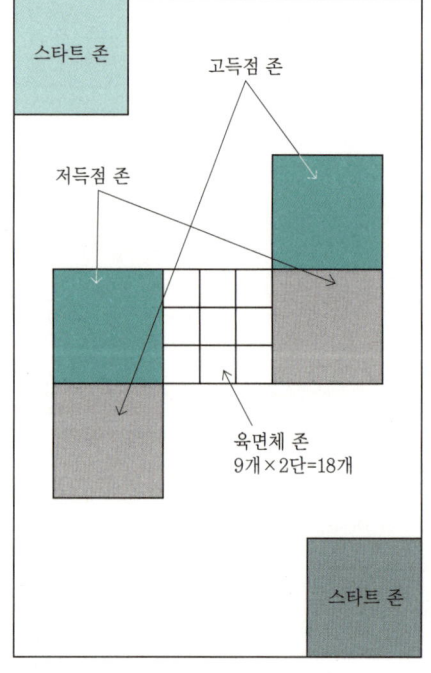

▲ 그림 3-16 경기장의 개요

올해 경기는 상자 쌓기형입니다. 경기는 대전 형식으로 경기장 중앙에는 10cm의 육면체가 합계 18개로, 9개씩 2단으로 쌓여 있습니다. 골은 각각의 팀별로, 저득점 존과 6cm 정도 높게 되어 있는 고득점 존이 있습니다. 득점 계산 방법은 다음과 같습니다.

▼ 득점 계산 방법

| 쌓아올린 상자 수 | 저득점 존 | 고득점 존 |
|---|---|---|
| n | $1 \times 3^{n-1}$점 | $4 \times 3^{n-1}$점 |
| 1 | $1 \times 3^0 = 1$점 | $4 \times 3^0 = 4$점 |
| 2 | $1 \times 3^1 = 3$점 | $4 \times 3^1 = 12$점 |
| 3 | $1 \times 3^2 = 9$점 | $4 \times 3^2 = 36$점 |
| 4 | $1 \times 3^3 = 27$점 | $4 \times 3^3 = 108$점 |

상자 쌓기형의 로봇 콘테스트에서는 애써 고생해서 쌓아올린 것이 상대 로봇에 의해 부서져버리는 일이 종종 발생합니다. 경기 진행상 어쩔 수 없는 경우도 있지만 명확하게 득점력이 떨어지는 로봇이 상대가 쌓아올리는 것을 방해하는 것을 보고만 있는 것은 기분 좋은 일이 아닙니다.

그래서 이번 경기 규칙에서는 상대 팀의 고득점 존에서는 공중도 포함하여 침입해서는 안 되는 것으로 하고 있습니다. 만약(고장이 아니어도) 침입해 버린 경우 그 로봇의 경기는 거기서 종료가 됩니다(그때까지의 득점은 인정됩니다). 한편, 침입을 받은 로봇은 경기 시간 중 2분 동안 단독으로 로봇을 움직일 수 있습니다.

로봇의 크기는 경기를 시작할 때 스타트 존(40×40cm의 정사각형) 안에 위치해 있어야 합니다. 단, 높이 제한은 없습니다. 또한 경기 개시 후라면 로봇의 팔이 늘려져 있거나 해서 경기를 시작할 때보다 커지는 것은 괜찮습니다.

동력원이 되는 직류 모터는 4개까지 사용할 수 있으며 스위치 전원에서 5V 전원 전압을 제공하고 있으며, 각각의 모터는 수동 컨트롤러로 정·역전이 가능하도록 되어 있습니다.

육면체와 탁구공의 차이는 있지만 기본적으로는 신입생 로봇 콘테스트와 비슷한 거 같아.

응. 4개의 모터를 사용할 수 있으니까, 우선은 자유로운 방향으로 나갈 수 있도록 좌우 바퀴로서 2개의 모터를 사용해. 그리고 남은 2개의 모터로 육면체를 '잡고·들어 올리기'라는 동작을 하도록 하는 것이 설계의 기본이 된다는 거야.

제 3 장 대 로 봇 축 제 견 학 하 기

## 6  2학년 경기

드디어 로봇 콘테스트가 시작되었습니다. 예상한 대로 '잡고·들어 올리기' 동작을 하는 로봇이 등장했습니다.

▲ 그림 3-17 중석 팀의 로봇

중석 팀의 로봇은 고득점 존에 7개의 육면체를 쌓았습니다. 2단 쌓기가 2개, 3단 쌓기가 1개입니다.

 굉장해, 대단한 걸! 간단한 기계로 거뜬히 움직이고 있어. 득점은 그러니까…….

 고득점 존의 2단 쌓기는 12점, 3단 쌓기는 36점이니까 12+12+36=60점이군. 대단해~.

그러면 로봇의 메커니즘을 자세히 살펴보기로 합시다. 육면체를 '잡는' 부분에는 심플하면서도 확실한 링크 기구가 사용되고 있습니다. 4개의 링크 봉으로 평행사변형 모양으로 만들어져 있고, 그 한 변을 모터의 회전으로 움직이고 있습니다.

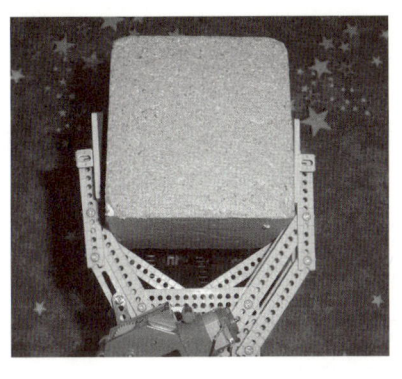

▲ 그림 3-18 잡는 부분의 메커니즘

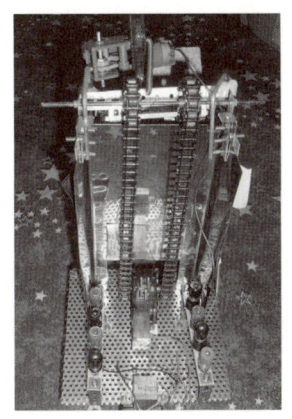

▲ 그림 3-19 잡아 올리는 부분의 메커니즘

이 부분은 경기를 시작할 때에는 낮은 위치에 있지만, 육면체의 밑 부분을 잡으면 래더 체인이 회전해서 육면체를 높이 '들어 올리기'를 할 수 있습니다.

동작을 좀 더 정확하게 하기 위해 래더 체인을 2줄 사용하고 있지만 2줄 다 같은 모터 축의 양끝에 부착되어 있습니다. 이것에 의해 2줄의 래더 체인의 움직임이 어긋나지 않는 것입니다.

이번에는 처음부터 2단 쌓기 상태에서 육면체가 놓여있기 때문에 밑에 있는 육면체를 '잡고·들어 올리기'가 가능하다면 2단 쌓기를 들어 올릴 수 있는 것입니다.

같은 요령으로 '잡고·들어 올리기' 동작을 확실하게 실행한 것은 천수 팀의 로봇입니다. 이 로봇은 링크 기구의 설계가 제대로 먹혀 고득점 존에 4단 쌓기를 성공시킬 수 있었습니다.

▲ 그림 3-20 천수 팀 로봇

와, 대단하다!! 저렇게 멋지게 늘어나다니.

 그렇다고는 하지만 4단 쌓기는 정말 대단하네. 게다가 '잡는' 부분의 메커니즘은 매우 인상적이야.

그럼 이 로봇의 메커니즘을 자세히 살펴봅시다. 먼저, 잡는 부분입니다. 모터의 회전축에 부착된 1줄 링크를 회전시켜 육면체를 잡고, 입 같이 생긴 부분이 개폐되도록 되어 있습니다. '들어 올리는' 부분은 링크의 한 끝을 모터로 회전시키면 다른 한 끝의 고정 링크와의 위치로 인해 모터가 기어 박스마다 들어 올리는 것과 같은 형태로 움직입니다. 육면체를 쌓아 올리는 것이 역부족인 것처럼 보이지만 처음부터 끝까지 확실하게 움직여가며 결승전에서도 4단 쌓기에 성공함으로써 2학년 부에서 당당히 우승했습니다.

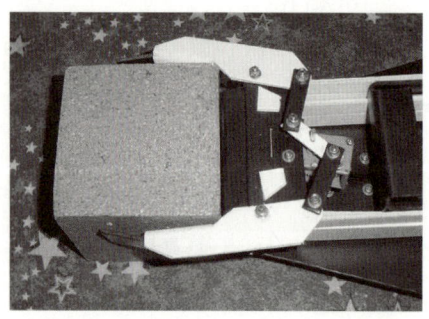

▲ 그림 3-21 잡는 부분의 메커니즘

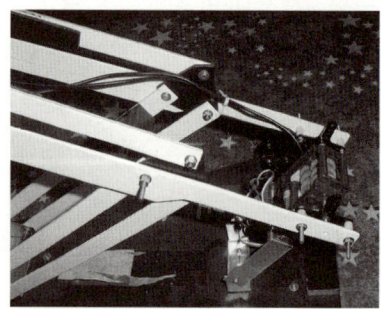

▲ 그림 3-22 들어 올리는 부분의 메커니즘

제 · 3 · 장 · 대 · 로 · 봇 · 축 · 제 · 견 · 학 · 하 · 기

# 7 3학년 경기

 드디어 3학년 경기군. 2학년보다 멋진 로봇이 등장하겠지?

 글쎄……. 아이디어는 2학년 경기에서 벌써 다 나온 것 같은데, 과연 이번에는 어떤 로봇이 나올까?

3학년 로봇의 대부분은 2학년의 아이디어와 같은 메커니즘으로 되어 있습니다. 즉, '잡고·들어 올리기' 동작을 확실하게 소화해내는 로봇입니다. 그것들이 모두 정확히 움직일 수 있어 역시 3학년이라는 생각이 들게 합니다. 3학년이 되면 이 정도의 기본에 충실한 움직임을 보여주는 로봇은 그렇게까지 힘들이지 않아도 만들 수 있습니다.

그 중에 늘 새로운 아이디어를 추구하는 학생이 제작한 것으로, 창조성이 뛰어나고 센스가 넘쳐나는 로봇도 등장했습니다.

 역시 3학년이야. 저런 로봇을 만들다니 대단해!!

 그래. '잡고·들어 올리기'라는 상자 쌓기 로봇의 원칙에는 못 미쳤지만 저만큼 확실한 움직임이 가능한 걸 보면, 오히려 저편이 새로운 원칙 같다는 생각도 들게 되네.

그러면 3학년의 로봇을 소개하겠습니다.

▲ 그림 3-23 산이 팀 로봇

　먼저 앞부분에 무한궤도를 붙인 로봇입니다. 언뜻 봐서는 정말 이것으로 득점할 수 있을까 하는 생각도 들었지만 무한궤도 부분을 사용하여 고득점 존으로 육면체를 밀어 넣으면 득점할 수 있습니다. 쌓아 올리는 것은 할 수 없지만 움직임이 재빠르기 때문에 확실하게 고득점 존에서 육면체 6개를 실을 수 있어 순조롭게 득점해 갔습니다

　다만, 상대 로봇이 육면체를 쌓아 올리려고 하면 근처의 육면체에 몸을 부딪혀 방해를 하는 듯한 행위를 해서 대회장에서는 약간의 '우~'하는 소리가 나기도 했습니다. 심판도 이 판정에는 고민을 하는 것 같습니다.

 좀 방해하는 것 같이 보이기도 했는데…….

 글쎄, 미묘한 부분이네. 정말로 상대 로봇 앞에 와서 방해하는 것처럼 보이기도 하고 접촉 불량인지 어딘가가 움직이지 않게 되어 버린 것처럼 보이기도 하고…….

 하지만 저 장소에 로봇이 정지해 있으면 상대 팀은 고득점 존에 쌓아 올릴 수 없게 되어 버리잖아.

 그것도 그러네. 어쨌든, 대회장에서는 조금이라도 야유의 소리가 나지 않도록 정정당당하게 승부를 겨루는 게 좋겠지.

　물의를 일으킨 로봇이었지만 아이디어 자체는 무한궤도의 큰 고무 마찰을 잘 이용한 독창적인 것이었습니다.

이번에는 대회장을 크게 들끓게 한 다단 쌓기 로봇을 소개합니다.

이 로봇 메커니즘의 특징은 먼저 육면체를 2개의 무한궤도로 끼워 위에 들어 올리고 그 밑에 틈이 생기면 다음 육면체를 끼워 넣어 또 다시 위로 들어 올리는 것입니다.

이 동작을 반복하면 최대 8단 쌓기가 가능하게 됩니다. 8단 쌓기라는 것은 고득점 존에서 쌓을 경우 $4 \times 3^{n-1} = 4 \times 3^{8-1}$이 되어 8,748점이나 득점을 할 수 있다는 것입니다! 실제로는 상대팀 로봇도 움직이고 있고, 경기 시간이 2분간이라는 제한도 있어서 경기에서는 4단 쌓기가 최고였습니다. 그러나 이것만해도 쉽게 100점은 넘습니다. 몇 제곱의 마술 같은 고득점에도 놀랐지만, 대회장의 관객들은 '설마 이렇게 쌓아 올리는 로봇이 등장하다니……' 하며 놀라움을 금치 못하고 있습니다.

▲ 그림 3-24 현섭 팀의 로봇

▲ 그림 3-25 들어 올리는 부분의 메커니즘

 와~, 놀랍군!! 뭐야, 저 괴물 로봇은?!

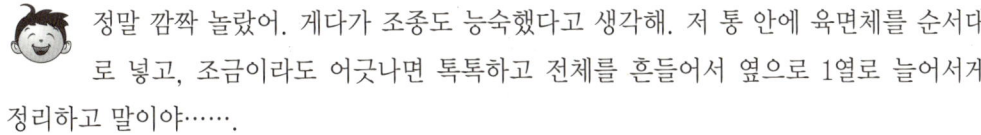 정말 깜짝 놀랐어. 게다가 조종도 능숙했다고 생각해. 저 통 안에 육면체를 순서대로 넣고, 조금이라도 어긋나면 톡톡하고 전체를 흔들어서 옆으로 1열로 늘어서게 정리하고 말이야…….

 으~응, 과연 3학년이야!

최종적으로 이 로봇이 3학년 부에서 우승을 거두었습니다.

3학년 부에서는 그 외에도 여러 가지 로봇이 등장했습니다. 이 대전에서는 우측에 있는 로봇이 세로로 늘어선 타이어로 육면체를 들어 올리고 있습니다.

좌측에 있는 로봇에서는 4개의 육면체가 옆으로 늘어서 들어가고 있는데, 이것이 고득점 존 앞에서 90° 일어서서 4단 쌓기를 합니다.

▲ 그림 3-26 다수 타이어형 vs 한번에 4단 쌓기형

이 대회에서는 좌측의 로봇이 튼튼하게 육면체를 고득점 존으로 싣고 갑니다. 단, 쌓아 올릴 수는 없습니다.

우측의 로봇은 대부분 레고 블록으로 만들어져 있었는데, 유감스럽게도 도중에 블록이 빠져버리는 문제가 발생했습니다.

▲ 그림 3-27 튼튼파 vs 레고파

이틀에 걸쳐 진행되어 온 대 로봇 축제도 로봇 콘테스트가 끝나면 곧 바로 폐회를 선언합니다. 폐회식에서는 로봇학과의 학과장이신 위대한 교수님으로부터의 강평과 방문객 투표에 의해 결정되는 축제 대상이 발표됩니다.

축제 준비 기간을 포함해 어제와 오늘 수고 많았습니다. 올해도 다양한 행사가 있어서 즐거웠습니다.

우리 학교의 활동 모습을 외부의 많은 분들께 보여드리게 된 것은 매우 중요한 일입니다. 이것은 학교를 어필하는 의미도 있지만 무엇보다도 여러분의 프레젠테이션 능력을 높일 수 있는 기회가 된다는 의미도 있습니다. 자신들의 연구 성과를 알기 쉽게 상대에게 설명하는 것. 이것은 앞으로 여러분이 로봇 기술자가 될 때 크게 도움이 될 것입니다.

그리고 위대한 교수님으로부터 발표된 축제 대상은 로봇 콘테스트를 기획·운영한 유지 단체에게 돌아갔습니다. 그리고 LEGO 체험 존, 에도시대의 자동 인형 전시, 로봇 강연회도 선발되었습니다.

이틀간의 대 로봇 축제를 경험한 신재와 진일은 본격적으로 로봇을 만들고 싶다는 생각이 더욱더 간절해졌습니다.

**칼럼 로봇 학교의 교육과정**

로봇 제작 학교에서 어떤 수업이 이루어지고 있는지에 대해 흥미를 갖고 있는 사람은 많을 것이다. 로봇을 전문적으로 배운다는 것은 어떤 것일까? 공업고등학교의 기계과나 전기과를 떠올리면 이해하기 쉽다.

보통, 영어나 수학 등의 수업은 선생님이 칠판 앞에 서서 수업 내용을 설명하고, 판서를 하며, 때로는 학생을 지명한다든지 하면서 수업을 진행해 나간다. 그리고 그에 대한 평가는 정기적으로 실시되는 시험을 통해 이루어진다. 물론 로봇 제작 학교에서도 그와 같은 형태로 진행되는 과목들이 있긴 하지만 로봇 제작 학교의 전문 교과는 거의 그런 형태에 딱 들어맞지는 않는다. 우선 큰 특징은 수업이 10명 정도의 그룹으로 나누어져 소수로 진행된다는 것이다.

물론 수업에는 담당 선생님이 있지만 선생님의 설명만으로 끝나는 수업은 절대로 없다. 선생님의 설명이 30분 정도라고 한다면 다음 60분은 실제로 그것을 몸에 익힐 수 있도록 실험이나 실습을 통해 진행된다.

로봇 콘테스트나 본격적인 로봇 연구가 시작되면 하나의 프로젝트를 진행해 나가기 위해 수십 시간을 소요하게 된다. 이러한 활동의 주역은 학생이다. 하급생 중에 정확히 로봇 만들기의 기본을 익힌 학생들은 선생님의 지시 없이 자신들이 직접 작업할 수 있다. 선생님이 관여하는 것은 안전 면에서의 배려나 예산 상담 또는 기술적인 조언 등이다. 많은 학생들은 이러한 환경 속에서 구애 받지 않고 자유롭게 활동하고 있으나 간혹 이런 환경의 장점을 살리지 못하고 마음대로 행동을 해서 선생님으로부터 꾸중을 듣는 학생이 있기도 하나 소수이다.

이러한 로봇 제작 학교의 수업을 일부 소개한다. 1학년의 로봇 전문 과목은 다음의 3과목이다. 1학점이라는 것은 주 1시간의 수업이라는 의미이다.

## ○ 로봇 제작 학교 1학년의 전문 과목

* 로봇 기술 기초 : 3학점

로봇 설계나 로봇 공작의 기초에 대해 실제로 물건을 만들어보는 실습을 통해 배운다. 1학년 사이에서 가장 인기 있는 과목이며, 매회 수업 종료 후 1주일 이내에 리포트를 제출해야 한다.

* 로봇 수리 : 2학점

로봇 설계에 관계되는 수학과 보행 이론의 기초 등을 배우는데, 많은 학생들이 수식을 이해하지 못해 힘들어하는 과목이다. 시험도 상당히 어렵다.

* 로봇과 인간 : 1학점

앞으로 로봇 기술이 진보했을 때 로봇과 인간의 본연의 모습은 어떻게 될까를 생각하는 과목으로 매회 우주소년 아톰이나 차 나르는 인형, 때로는 AIBO나 ASIMO 등도 실제로 등장한다, 서프라이즈가 있는 과목이다. 4회의 수업마다 리포트를 제출해야 한다.

상급생의 과목은 문자만으로 설명하기가 어렵고, 연구 주제는 매해 바뀌므로 유동적이다. 이 정도로나마 로봇 제작 학교에서 배우는 내용이 무엇인지 조금이라도 알게 되었다면 다행이라 생각한다.

# 제4장

## 이족 보행 로봇 만들기

로봇 제작 학교의 가장 큰 수업장인 '공작관'에는 수작업 도구에서부터 선반·프레이즈반·볼반 등의 공작 기계, 각종 용접기와 판금 가공기까지 두루 갖춰져 있습니다. 2학년이 된 신재와 진일은 드디어 염원이었던 이족 보행 로봇을 만들 수 있게 되어 설레임을 감추지 못합니다. 이족 보행 로봇의 부품 가공으로 기본이 되는 것은 금속판을 자르거나 구부리거나 하는 판금 가공입니다. 두 사람 모두 처음에는 단순하게 생각했었지만 막상 만들기 시작하고 나서는 생각하지 않은 곳에서 난항을 겪고 있는 듯합니다. 그럼 이족 보행 로봇을 어떻게 완성시키는지 알아볼까요?

이 장의 주요 등장 인물

신재　　진일　　나미　　광태 씨

# 제 4 장 이족 보행 로봇 만들기

## 1 도우미 등장

  '도우미란 결국 까다로운 부분을 의뢰받아 처리해주는 사람이 아닐까?' 하고 생각한 진일이지만 이족 보행 로봇은 이전부터 만들어보고 싶었기 때문에 일단은 월요일에 '공작관'으로 가보기로 했습니다.

늦어서 미안. 오늘 로봇 대학 교수님의 수업이 있어서 끝난 후에도 여러 가지 질문을 하고 있었어.

그런 이유라면 할 수 없지. 우리 클래스는 내일이야. 그런데 아까부터 여기서 기다리고 있었는데 네가 말했던 도우미 비슷한 사람은 아직 오지 않은 것 같아.

아~, 도우미는 내가 데려왔어. 나와 같은 클래스의 나미야.

나미라고 해. 잘 부탁해.

어~, 신재에게 아는 여자애가 있었다니 놀랍군!!

나미네는 공장을 경영하고 있어서 다양한 공작 기계가 있대. 그래서 공작도 잘 할 거라 생각해서 권해봤는데 기꺼이 동참해주기로 했어.

'기꺼이'라고 해야 하나? '억지로' 라는 느낌이었는데…….
실은 나도 로봇에 흥미가 있어서 이 학교에 입학했는데, 1학년 때는 여학생이 적은 이 환경에 잘 적응하지 못해서 얌전히 있었어.

하지만 이대로 있다가는 내가 왜 이 학교에 입학했는지에 대한 목표 의식을 잃을 것 같아서 2학년부터는 심기일전해서 노력해야지 하고 생각하던 차에 신재로부터 제의가 와서…….

 그랬구나. 잘 부탁해. 함께 노력하자.

 하지만 난 공작에 그다지 특기가 있는 편은 아니야. 모두에게 여러 가지 배워가며 함께 해나갔으면 좋겠어.

 어쨌든 자기 소개는 이 정도로 해두고, 빨리 로봇 만들기에 착수해볼까? 음~, 이것이 만들고 싶다고 생각한 이족 보행 로봇인데…….

신재는 1장의 도면을 꺼냈습니다. 길이가 50cm인 비교적 소형의 이족 보행 로봇입니다.

 흠~, 상당히 잘 그려져 있네. 정말로 걸을 수 있다면 재밌겠는 걸.

 물론, 정말로 걷는 로봇을 만드는 거야. 걷는 것처럼 보이잖아.

 하지만 로봇을 걷게 하기 위해서는 여러 가지 보행 이론 같은 것이 필요한데, 그런 것도 생각해서 설계한 거야?

 물론이지. 실은 대략적인 설계는 연호 선배가 도와주었어. 그래서 부품을 하나씩 완성시켜 각 관절을 움직이는 서보 모터(servo motor)를 붙이면 확실하게 걸을 수 있을 거야.

 그거라면 간단할 것 같아. 기본은 금속판을 자르거나 구부리거나 하는 판금 가공이 되겠지.

 재질은 알루미늄일 테고. 이 정도 로봇이라면 중간 정도의 강도이기 때문에 가공성이나 내식성에 뛰어난 것이 좋겠지. 형번(型番)은 A5052 정도면 어떨까?

대단해~! 알루미늄의 형번까지 알고 있다니. 그럼 바로 찾아올게. 판 두께는 1.5mm로 하면 되겠지?

여기 공작관에는 다양한 재료가 상비되어 있습니다. 신재는 창고에 가서 재료를 찾아 장부에 기입하고는 판 두께 1.5mm의 알루미늄 재료를 구해 왔습니다.

 자~, 가져왔어. 창고를 관리하고 있는 분도 형번까지 지정해서 주문하니까 놀라던걸. 그런데 이대로는 너무 크지 않을까? 돗자리 1장 크기 정도나 되는데.

 그렇게 큰 것을 잘 들고 왔네.

 남으면 반납하라고 했는데, 적당한 크기가 없어서…….

 맞는 사이즈네. 이 두께의 알루미늄이라면 가로·세로 1,000mm×2,000mm이니까 돗자리 1장 크기 보다 조금 큰 정도일 거야.

 잘 알고 있네.

 응, 우리 집이 판금 공장이잖아. 하지만 이론뿐이지 실제로 할 줄 아는 것은 전혀 없어. 도움이 될 수 있을지…….

 기능은 우리한테 맡겨주면 돼. 여학생이 할 수 있을 만한 가공 작업을 도와달라고 할 테니까.

 '여학생이 할 수 있을 만한' 이라는 말은 실례 아닐까? 내가 지금까지 로봇 만들기를 지켜본 결과 남자가 아니면 안 되는 부분은 하나도 없었어.

 실례했어. 미안해.

괜찮아. 별로 신경 쓰지 않으니까.

응~, 그래. 생각해 보면 로봇 만들기에서 남자는 할 수 있는데 여자는 할 수 없는 부분이란 설계·제도·가공·제어 등 어느 것을 봐도 찾을 수 없는데, 왜 로봇을 만드는 사람은 거의 남자일까?

   여기 로봇 제작 학교는 남녀공학이지만 여자는 15명밖에 없습니다. 그래도 일반 공업고등학교나 대학 공학부보다는 많을지도 모르겠습니다. 각 분야에서 여성의 진출이 많아지고 있긴 하지만 최근 들어 여성의 역할이 더욱 축소되는 부분이 엔지니어 분야인 것 같습니다.
   로봇 만들기에 있어서 여성이기 때문에 할 수 없는 것은 거의 없습니다. 앞으로 로봇 만들기가 더욱더 활성화되어 여성 연구원 등이 속속 등장하게 되면 로봇 세계도 더욱 밝아지겠지요.

제 · 4 · 장 · 이 · 족 · 보 · 행 · 로 · 봇 · 만 · 들 · 기

## 2 재료 선택이 우선!

 그럼, 바로 이 알루미늄재를 자르는 것부터 해볼까? 우선순위는 재료 선택!

신재는 자와 매직을 준비했습니다.

 신재야, 매직보다는 정확하게 가느다란 선을 그을 수 있는 먹줄펜을 사용하는 것이 좋아.

 앗, 그래? 고마워.

 나도 도울게.

먼저 세 사람이 착수한 일은 절단면을 정하기 위한 재료 선택이었습니다. 이것이 어긋나 버리면 후에 모든 부분이 어긋나버리기 때문에 재료 선택은 신중하게 해야 합니다.

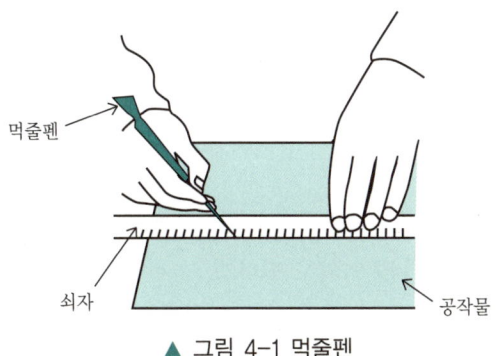

▲ 그림 4-1 먹줄펜

됐다~. 다음은 이것을 자르면 되는 거지?

 절단기를 사용하자. 재료에 맞춰서 발로 밟는 기계였지.

 발로 밟는 절단기를 말하는구나. 그걸 시어링(shearing)이라고도 해. 우리 공장에는 NC 제어 시어링이 있어서 프로그램으로 위치를 정할 수 있기 때문에 먹줄은 필요 없어.

 오호~, 그런 절단기도 있구나. 몰랐어.

▲ 그림 4-2 발로 밟는 절단기

 시어링에서 주의해야 할 것은 버(burr)의 방향이야. 판의 방향을 바꿀 수 없기 때문에 절단하면 부품 하나의 평행 부분의 버(burr)가 반대 방향이 돼버려.

 버(burr)라면 금속 끝에 있는 가시 같은 것 말이지? 물론 있으면 곤란하지만 줄톱으로 버(burr)를 제거해버리면 방향이 반대라도 괜찮지 않을까?

 하긴, 그렇게 생각할 수도 있겠지. 이런 부분에 집착하는 것은 하나하나 가공하는 데 성의를 가지고 임한다는 의미도 되니까.

 그렇지. 우리도 하나하나 가공하는 데 책임을 가지고 임하지 않으면 안 되겠지.

신재와 진일, 나미는 선배들에게 조언을 들으면서 발로 밟는 절단기와 버(burr) 제거 작업으로 부품을 잘라내었습니다.

지금까지 수업 시간의 작업과 방과 후의 작업만으로 꼬박 3일이 걸렸어. 앞으로 얼마나 시간이 더 걸릴까?

그래도 이번에는 경기나 대회에 출장하는 등의 목표가 있는 것도 아니니까 즐기면서 천천히 해보자구.
자, 다음은 이것을 구부리는 거지?

잠깐 기다려봐. 구부리는 가공보다는 여기에 구멍 뚫는 것을 먼저 하는 것이 좋을 것 같아. 구부리는 가공을 한 다음에 하면 구멍의 위치가 어긋나거나 구부리는 장소에 가까운 부분의 구멍이 당겨져서 타원형이 되어 버리기도 하거든.

오호~, 그런가? 나미는 여러 가지 것들을 많이 알고 있네.
그럼 구멍을 먼저 뚫기로 하자. 여기 구멍은 지름이 3, 8, 15, 24mm이니까 각각의 크기의 드릴을 준비해서 볼반(Bohr盤 : dirilling machine)으로 구멍을 뚫으면 되겠지?

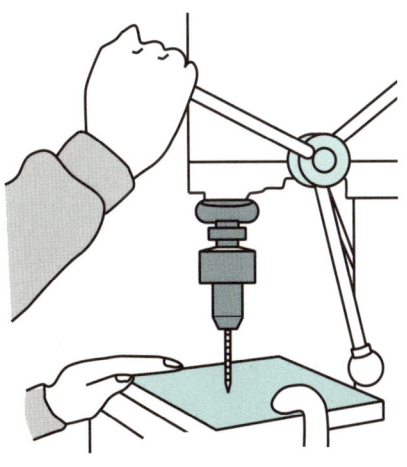

▲ 그림 4-3 탁상 볼반

지름이 24mm인 드릴이라고? 너무 크지 않을까? 그렇게 큰 드릴을 늘 사용하는 탁상 볼반에 붙일 수 있겠니?

 앗, 그런가? 탁상 볼반으로는 무리일지도 모르겠다. 하지만 공작관에는 대형 볼반도 있으니까 괜찮아.

레이디얼 볼반말이지? 하지만 이렇게 구멍 수가 많으면 시간이 상당히 많이 걸리지 않을까? 각 구멍의 위치를 정한 다음에 센터 펀치(center punch)로 표시를 찍어야 하니까.

그런가~, 또 꼬박 3일 걸릴지도 모르겠네. 그리고 하나의 부품에 많은 구멍이 뚫려 있는 경우 마지막에 가서 구멍 뚫기에 실패해 버리면 그때까지 아무리 공을 들였어도 처음부터 다시 시작해야 하는 것이고.

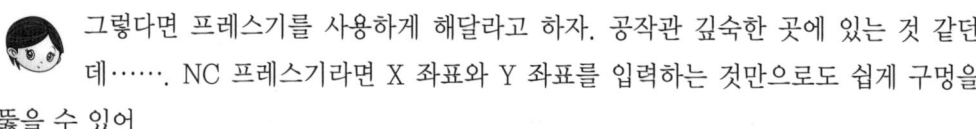 그렇다면 프레스기를 사용하게 해달라고 하자. 공작관 깊숙한 곳에 있는 것 같던데……. NC 프레스기라면 X 좌표와 Y 좌표를 입력하는 것만으로도 쉽게 구멍을 뚫을 수 있어.

 오호~, 그런 편리한 공작 기계가 있다니…….

공작관에는 다양한 기계 설비가 구비되어 있습니다. 또한 전문 기술 직원이 있어서 학생들이 가공할 때 친절히 상담에 응해주십니다. 세 사람은 즉시 NC 프레스기에 대해 설명해줄 기술 직원인 광태 씨가 있는 곳으로 갔습니다.

제 · 4 · 장 · 이 · 족 · 보 · 행 · 로 · 봇 · 만 · 들 · 기

# 3 상당히 편리한 NC 프레스기

 안녕하세요, 기술 직원인 광태라고 합니다.

 잘 부탁드립니다.

 그럼, 여러분들이 원하는 구멍 뚫기를 해볼까요?
구멍 뚫기 작업에서 가장 중요한 것은 이 펀치입니다. 필요한 크기의 펀치를 준비하여 여기에 세트시키고 뚫는 것이죠. 이번에는 전부 둥근 구멍을 뚫기 때문에 둥근 형상의 펀치를 준비했지만, 펀치의 형상에는 사각형이나 타원형 등 다양한 것들이 있습니다.

 구멍을 뚫는 위치는 어떻게 정하나요?

 이 프레스기에는 NC(수치 제어)가 되어 있어서 X 좌표와 Y 좌표를 프로그램에 입력하면 간단히 위치를 정할 수 있습니다.

 하나에 10개 정도의 구멍을 뚫는 부품도 있어서 이 기계는 매우 편리해.

 저~, 펀치 크기를 바꾸고 싶을 때는 어떻게 하면 되나요?

 이 프레스기의 경우는 그때마다 펀치를 바꾸어야 해요. 하지만 10개 정도의 구멍이라면 이것으로도 충분하지요. 이번에는 내가 펀치를 바꿔 끼워볼게요.

 다행이에요.

그럼, 시작할까요? 하나의 부품에 여러 가지 크기의 구멍이 있을 때에는 작은 구멍부터 먼저 뚫어야 합니다.

 만약 잘못했더라도 작은 구멍이라면 다음에 큰 구멍으로 뚫어버리면 되니까요.

 여학생이 아주 잘 알고 있네요.

 나미네는 공장을 운영하고 있어요. 이 구멍도 처음에는 드릴로 뚫으려고 생각했는데 프레스기를 사용하면 간단하게 할 수 있다는 걸 나미가 알려줬어요.

 그렇군요. 여러분도 나미 양에게 지지 않도록 분발해야겠네요.

 네. 지금은 나미에게 끌려가는 느낌이니까…….

이런 이야기를 하고 있는 동안 펀치(punch) 세트가 완료되었습니다.
다음에는 도면을 보면서 구멍의 위치를 프로그램해 나갔습니다. 그리고 발로 밟는 스위치를 밟자, 펀치가 활기차게 움직이며 알루미늄판을 뚫기 시작했습니다.

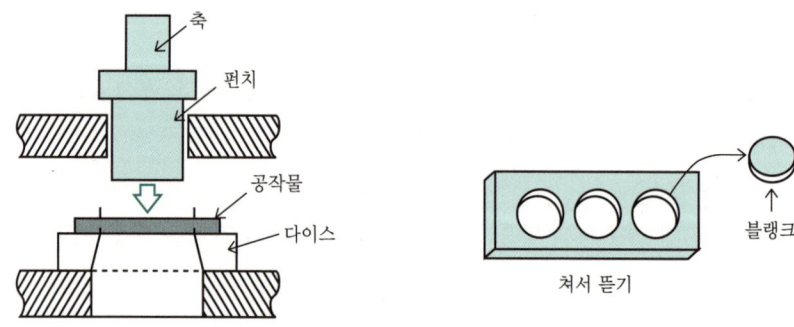

▲ 그림 4-4 프레스 가공

쉬익-, 위잉! 쉬익-, 위잉! 프로그램 순서대로 위치가 정해지고 발로 밟는 스위치를 밟을 때마다 구멍이 뚫리고 있습니다.

와~아, 대단하다, 대단해!

 생각했던 것 이상의 속도인데! 이거 정말 편리하다.

 저도 스위치를 밟게 해주세요. 사실 해본 적은 없어요.

 자, 어서 해보세요.

 저희 집은 작은 공장을 운영해서, 공작 기계는 어느 정도 갖추어져 있어 어려서부터 물건 만드는 모습을 수없이 보아 왔어요. 하지만 아버지는 언제나 여자애한테는 위험하다고 말씀하시며 제게는 기계를 만져보지도 못하게 하셨어요.

 그랬었구나. 안타까운 일인 걸. 눈앞에 여러 가지 기계가 놓여 있는데 만져보지도 못하게 하다니.

 나라면 반드시 만져보게 했을 텐데 말이야.

하지만 공작 기계는 사용법을 제대로 숙지하지 못한 채 사용하면 흉기가 될 수도 있으니까 정말로 위험해. 공작 기계로 다친 사람의 비참한 이야기도 들은 적이 있어.

나미 양 말대로예요. 여러분들도 실습 가이던스에서 안전 교육을 지겨울 정도로 받아온 것으로 알고 있는데, 공작 기계는 작은 것 하나라도 잘못 사용하면 흉기가 되어 버려요. 다행히도 지금까지 큰 상처를 입은 일은 없지만, 작은 상처는 몇 번인가 입은 적이 있고 조금 더하면 손가락이 떨어져버릴 뻔한 경험도 있어요.
　이 로봇 제작 학교에서는 개교 이래 아직 큰 사고를 당한 학생은 없었고, 앞으로도 쭉 그렇게 되길 매일 기원하고 있어요.

 특히 익숙해졌다고 생각하는 때야말로 상처를 입기 쉽다고 아버지는 늘 말씀하셨어요.

맞는 말씀입니다. 처음 기계 조작 방법에 대해 배울 때는 조심스럽게 임하기 때문에 사고는 적어요. 무서운 것은 기계 조작에 익숙해졌을 때, 잠깐 정신을 빼고 있을 때가 정말로 위험해요.

그런가요? 이 학교에 입학해서 1년이 지난 지금, 새로운 마음으로 임하겠습니다.

프레스기를 순서대로 조작하면서 뚫기 작업을 해나갔습니다. 그리고 완성한 첫 번째 부품이 바로 이것입니다.

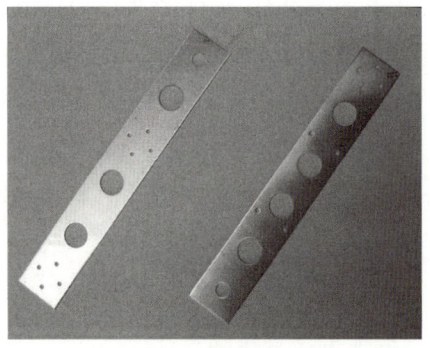

▲ 그림 4-5 완성된 부품

 볼반을 사용하는 것보다 10배는 빠른 것 같아.

 속도뿐만 아니라 정밀도 면에서도 비교가 안 돼.

 광태 씨. 이 지름 3mm짜리 구멍 말인데요. 이것은 나사를 조일 구멍이니까 나사산을 잘라두고 싶어요.

두께가 1.5mm인 판에 나사를 잘라도 나사의 피치가 0.5mm가 되면 나사산은 겨우 3개에요. 카레이너트라는 것을 붙여 나사산을 늘려서 확실하게 붙이는 방법도 있지만, 이번에는 탭을 사용해서 나사산을 만들어두면 되겠지요. 탭을 넣기 전에 펀치로 인해 생긴 버(burr)를 제거하는 것을 잊지 않도록 하세요.

네, 알겠습니다.

  공작에 관해 풍부한 지식을 갖고 있는 나미도 이러한 작업을 직접 해보는 것은 처음이었습니다. 그래서 지금까지 보지 못한 기쁜 표정으로 로봇의 부품 가공에 임하고 있습니다.

  첫 번째 부품을 연습용을 포함해 10개 제작했을 즈음에 오늘 작업 종료. 다음은 이 판을 구부리는 가공입니다.

제 · 4 · 장 · 이 · 족 · 보 · 행 · 로 · 봇 · 만 · 들 · 기

# 4 발로 밟는 프레스 등장

이젠 NC 프레스기에도 제법 익숙해진 것 같아. 아무튼 정말 편리한 공작 기계야. 드릴로 구멍을 뚫는 것과는 비교가 안 될 정도로.

그건 그래. 자, 드디어 오늘부터 굽힘 가공이다. 마침내 첫 번째 부품이 탄생하겠어.

잠깐만. 굽힘 가공에 들어가기 전에 한 곳 더 가공해야 할 부분이 있지 않아?

으응, 그건……. 앗, 알았다. 부품의 양끝을 둥글게 해야 하는 부분말이지? 이건 나중에 철강 줄을 사용해서 둥글리면 되지 않을까?

시간이 조금은 걸릴 것 같은데, 나도 그게 좋을 것 같아. 그런데 나미야, 무슨 좋은 방법이라도 알고 있니?

응. 모처럼 프레스기를 사용할 수 있으니까, 양끝을 둥글리는 부분도 프레스기로 하면 좋을 것 같아.

프레스기로 둥근 구멍을 뚫어내는 것 말고 그것도 가능해?

응, 가능하고 말고. 지난번 NC 프레스기에서는 구멍의 크기를 바꿀 때마다 광태 씨가 펀치를 바꿔주었잖아. 펀치에는 사각형이나 삼각형으로 된 것도 있어서 그것들을 사용하면 둥근 구멍 이외의 형태도 뚫어낼 수 있어.

하지만 이 양끝을 둥글리는 가공에는 뚫어낸다는 개념이 안 떠오르는 걸……. 광태 씨, 프레스기로 그런 것도 할 수 있나요?

 음, 양끝을 둥글게 하고자 할 때에는 이 같은 펀치를 사용하면 돼요.

광태 씨는 몇 종류의 원형 펀치가 붙어 있는 공구를 보여주었습니다.

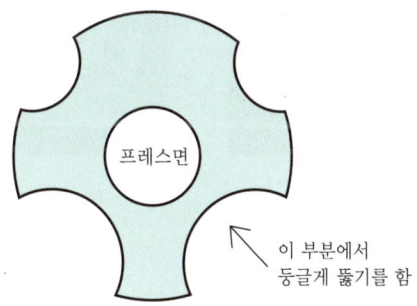

▲ 그림 4-6 끝을 둥글게 하는 펀치

 그렇구나~. 이것을 사용하면 양끝을 둥글릴 수 있다니 간단하네. 그런데 광태 씨, 이건 지난 번에 사용한 NC 프레스기에 붙여서 사용하나요?

 붙일 수 있는 종류도 있지만 이번에는 이 프레스기를 사용해볼까요? 속칭 '발로 밟는 프레스'라는 기계에요.

 '발로 밟는 프레스'라고요? 이상한 이름이네요.

 응. 발로 밟으며(足踏) 사용하니까 '발로 밟는 프레스'에요. 영어로는 '풋 프레스(foot press)'라고 하죠. 그럼 바로 해볼까요?

광태 씨는 반원형의 펀치를 '발로 밟는 프레스'에 붙였습니다. 기계를 움직이기 위해 발로 레버를 밟는 것으로, 이 기계는 유압이나 전기는 사용하지 않습니다. 유일한 동력은 발로 차서 생기는 힘뿐입니다.

'퍽!' 한순간에 각이 져 있던 부품의 끝이 둥글게 되었습니다.

와아, 대단하다! 한순간에 둥글게 되었어. 철강 줄로 가공하는 것과는 비교도 되지 않을 정도로 빠르고 정확해.

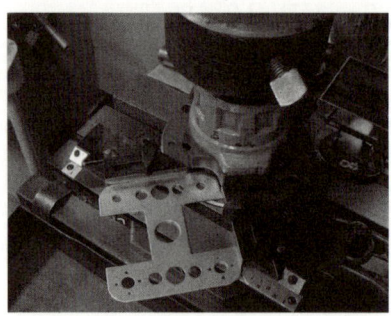
▲ 그림 4-7 발로 밟는 프레스의 모습

▲ 그림 4-8 끝을 둥글린 부품

제 · 4 · 장 · 이 · 족 · 보 · 행 · 로 · 봇 · 만 · 들 · 기

## 5 굽힘 가공

 광태 씨, 이번에는 드디어 굽힘 가공이네요. 이것이 굽힘 가공을 할 기계인가요?

 그래요. 굽힘 가공을 할 기계에도 몇 가지 종류가 있어요. 얇고 부드러운 금속이라면 다른 금속이나 어떤 것을 눌러서 망치로 두드리는 것이 가장 간단해요.
하지만 이것은 정밀도가 많이 떨어져서 이 수동 굽힘기가 자주 사용되죠. 이 틈에 판을 끼워 유압잭(jack)을 손으로 움직이는 것만으로 판을 구부릴 수 있어요. 한번 해보세요.

광태 씨는 유압잭(jack)을 움직이기 시작했습니다. 그다지 힘든 일 같지는 않습니다.

 이렇게 끼워서 바로 되돌리지 말고 잠시 그대로 유지하다가 유압을 빼요.
그러면 '슈-욱' 하고 기름이 빠져 90°로 구부러진 판이 됩니다.

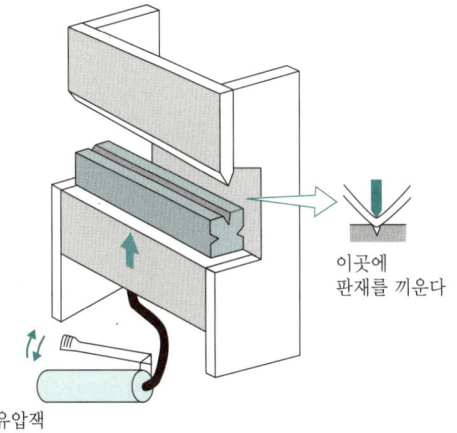

▲ 그림 4-9 수동 굽힘기

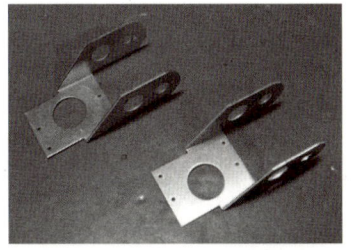

▲ 그림 4-10 굽힘 가공을 한 부품

5. 굽힘 가공 | 149

잠시 그대로 두는 것은 스프링백(springback)을 방지하기 위한 것이죠?

잘 알고 있네요. 굽힘 가공이라는 것은 판의 한쪽 면에 압축 응력, 반대쪽에는 인장 응력이 주어지는 변형입니다. 이 응력을 굽힘 응력이라고도 해요. 그래서 필요한 각도까지 구부려도 압력을 없애면 반력에 의해 뒤집혀 버려요.

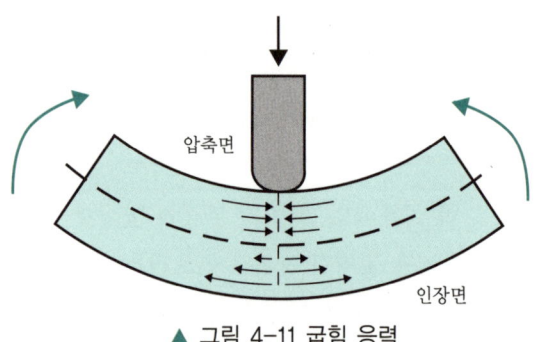

▲ 그림 4-11 굽힘 응력

 오호~, 판 하나의 한쪽 면이 응축, 다른 한쪽 면은 인장이란 말이죠?
듣고 보니 그러네요.

스프링백의 크기는 일반적으로 각도로 나타내지만 그 양은 재질, 판의 두께, 가압력, 굽힘 반경 등의 조건에 따라 바뀌므로 정확하게 예측하기가 어렵습니다. 상급생이 되면 소성 가공이라는 수업에서 잘 배우겠지만 복잡한 수식이 많아 상당히 어려운 과목이죠.

그런 것도 수업에서 배우는군요.
금속 변형에서는 '소성(塑性)'이라는 단어를 배우지만 비슷한 다른 용어가 있었던 것 같은데, 뭐였더라…….

'탄성(彈性)'이지. 어떤 금속이라도 반드시 용수철 같은 성질을 가지고 있어. 예를 들어, 용수철에 추를 달아 늘린 다음에 추를 제거하면 용수철은 원래의 길이로 되돌아가려고 하는데, 이 범위를 탄성이라고 해.

하지만 어떤 양보다 큰 추를 달게 되면 추에 의한 하중을 제거하더라도 용수철에 변형이 남아 있게 되는데, 이 현상을 소성(塑性)이라고 해.

 맞아요. 그리고 일반 기계 설계에서는 각 분야에 작용하는 힘은 탄성 범위 내로 모아지도록 하지요. 만약 기계의 어느 부품이 소성 변형이 돼버리면 그것이 다른 움직임에 영향을 주게 되어, 경우에 따라서는 그곳부터 파괴되어 버릴 수도 있기 때문이죠.

 흐음~, 그 말은 기계 설계에서 소성이란 있어서는 안 되는 것 같은데, 기계 가공에서는 없어서는 안 되는 것이라는 말이군요.

 음, 아주 정확하게 말했어요. 그럼 굽힘 가공을 시작해볼까요. 이번엔 1.5mm 알루미늄판이니까 20초 쯤 가압 상태를 지속하도록 하죠. 그리고 또 다른 부품을……

 네, 제가 해볼게요.

오늘도 나미는 맹활약을 펼치고 있습니다. 입학 당시에는 어색해 보이던 작업 자세도 제법 안정되어졌습니다. 순조롭게 작업을 진행해 나가고 있던 나미이지만 한가지 굽힘 가공을 끝내고 다음 가공을 하게 되자 난감한 일이 생겼습니다.

 어머, 이상하네. 다음 가공이 되질 않아. 여기서 구부리면 제일 처음에 구부렸던 부분이 기계와 부딪혀버릴 것 같은데…….

 어어, 분명히 이대로 구부려버리면 부딪히게 되는데, 어떡하지?

 이런 이런, 무슨 일인가요? 앗, 그 부분이 부딪히겠군. 가공하기 전에 알게 돼서 다행이네요. 어느 기계에서도 가공할 수 있는 범위가 정해져 있기는 하지만 이곳은 좀 심한 것 같군요. 가공 순서를 바꾸어보면 어떨까요? 그래도 안 되면 다른 기계를 사용하기로 합시다.

 네. 이 굽힘이 많은 부품만은 다음에 할게요.

그래도 굽힘 가공은 어쩐지 종이접기 같아요. 구부리는 순서를 정확하게 기억해두지 않으면 실패하게 돼요.

 그래요. 사용하고자 하는 굽힘기가 어느 정도 크기의 판을 구부릴 수 있는가를 면밀히 생각한 다음에 가공 순서를 생각해야만 실패하지 않아요.

그림 종이접기와 같이 판을 구부려 가는 모습을 순서대로 살펴보기로 합시다.
여기서는 먼저 사용했던 수동 유압식이 아닌 발로 밟는 스위치를 밟으면 자동으로 움직이기 시작하는 본격적인 굽힘기를 사용하고 있습니다.

▲ 그림 4-12 굽힘 가공 ①

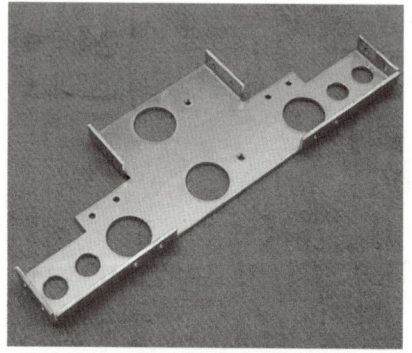
▲ 그림 4-13 굽힘 가공 ②

▲ 그림 4-14 굽힘 가공 ③

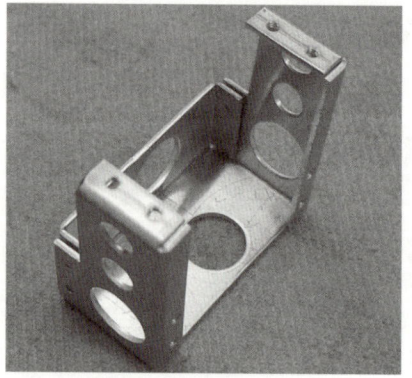
▲ 그림 4-15 굽힘 가공 ④

점점 입체적으로 되어가는 느낌이 좋아요. 언뜻 봐서는 간단한 가공처럼 보이지만 광태 씨가 꼼꼼히 조정해주지 않으면 정확한 치수는 나오지 않았을 거예요.

그렇게 대단한 일은 아니에요.
다만, 같은 형번의 알루미늄재라도 회사마다 차이가 있거나 로트(lot) 차이에 의해 굽히는 작업이 미묘하게 다를 수 있기 때문에 어떤 재료라도 테스트해 본 다음에 가공을 시작하는 것이 좋아요. 이런 것은 교과서에는 설명되어 있지 않지만 실제로 매우 중요한 것이죠.

역시 장인의 기술이네요!

저도 기억해두고 싶은 기술이에요.

그래요. 최근에는 우리 학교에서도 여러 학생들이 판금 가공을 하고 싶어서 나를 찾아 오는데 가공을 무시할 수는 없어요. "이 부품을 빨리 만들어주세요."라는 의뢰만 받게 될 경우 무엇 때문에 로봇을 만들고 싶어 하는지 알 수 없으니까요.

그런 사람도 있나요? 자신들이 만들지 못하는 부품 제작을 의뢰하는 것은 어쩔 수 없겠지만 그 가공 과정에는 흥미를 갖지 않고 빨리 만들어 달라는 식의 태도는 좋지 않지요.

그런 사람은 로봇의 부품 가공보다는 로봇 제어 쪽에 흥미가 있겠지요. 저희 반에도 그 계통에 흥미를 갖고 있는 친구가 있어요. 저의 경우는 가공 쪽이 좋지만, 사실 어느 쪽이나 다 잘 할 수 있으면 좋겠어요.

로봇 제작에는 종합적인 기술이 필요하다고 생각해요. 물론 그룹으로 만들 때 역할 분담을 하는 일은 중요하지만 자신이 분담한 부분밖에 모르면 곤란하잖아요.

그래요. 로봇 제작에 있어서는 기계 설계, 기계 가공, 회로 설계, 제어 프로그램 모두 할 수 있어야 하는 시대가 된 것 같아요. "나는 가공 쪽이니까 제어는 할 수 없다."는 말은 이제 통하지 않을 테니까요. 하하하……

네. 저도 열심히 공부해서 이 로봇 제작 학교에서 많은 것들을 배워야겠다고 다짐했어요.

날마다 계속되는 작업으로 이족 보행 로봇에 필요한 금속 부품이 차례차례 제작되어 갔습니다. 판금 뚫기에 사용된 프레스기는 처음에는 ○나 □ 모양의 간단한 모양을 한 펀치만 사용하였지만, 복잡한 부품의 경우에는 ○나 □ 모양의 펀치를 여러 개 조합해서 사용해야만 했습니다. 그래서 등장하게 된 것이 좀 더 하이테크한 프레스기입니다.

제 · 4 · 장 · 이 · 족 · 보 · 행 · 로 · 봇 · 만 · 들 · 기

## 6 터릿 펀치 프레스란?

프레스기에 있어서 펀치를 갈아끼우는 일을 자동으로 하는 것을 'NC 터릿 펀치 프레스'라고 합니다. NC라는 것은 Numerical Control로, 이것은 수치 제어라는 의미입니다. 즉, 복수의 펀치를 자동으로 갈아끼워 새롭게 프로그램에 정해진 위치에서 프레스 뚫기를 하는 것입니다. 터릿(turret)은 복수의 펀치가 원형 또는 부채꼴형의 테이블에 늘어져 있는 것을 의미합니다.

이 프레스기를 사용하면 한 장의 판을 놓는 것만으로 차례차례 펀치가 움직여 판이 뚫려집니다. '철컥, 철컥, 철컥!' 상당히 큰 소리가 나지만, 자동으로 펀치가 교환되며 차례로 가공이 진행됩니다.

이번에는 이 펀치를 자동으로 늘어놓고 위치를 정하는 프로그램을 광태 씨가 작성했습니다. 다만 단순히 여러 가지 형상의 블록을 늘어놓듯이 뚫어버리고 싶은 부분에 펀치를 늘어놓기만 하면 될 것 같은 생각도 들지만, 그것만으로는 끝부분을 깨끗하게 잘라버릴 수 없게 되는 경우가 있습니다. 소성 가공에 대해 잘 알고 있지 않으면 이 프로그램 작성도 상당히 어렵습니다.

▲ 그림 4-16 터릿 펀치 프레스에 의한 프레스 가공

수치 제어 공작 기계는 프로그램을 작성하는 데 다소 시간이 걸리는 일이 있기 때문에 같은 부품을 대량 생산하는 것에 적합합니다. 이번처럼 부품을 몇 개만 제작하는 데 프레스기를 사용하면 단가가 높아집니다. 신재 팀에게는 아직 그 단가에 대한 감각이 없어 보이기 때문에 광태 씨는 곳곳에서 그러한 이야기를 해줍니다.

NC 터릿 펀치 프레스로 뚫어내기 가공한 부품은 수동의 굽힘기뿐만 아니라 NC 장치가 들어간 유압식 프레스 브레이크(press brake)도 사용하여 굽힘 가공을 합니다. 수동으로 하는 것과 모양은 비슷하지만 굽힘 가공에 따르는 소재의 신장비를 자동 연산해서 굽힘 정도를 향상시키고 있습니다.

▲ 그림 4-17 프레스 브레이크를 사용한 굽힘 가공

이렇게 이족 보행 로봇의 부품은 하나씩 완성되어 갑니다.

제 4 장 이족 보행 로봇 만들기

# 7 로봇 완성!

 해냈다-! 드디어 부품이 완성됐다-!

 광태 씨, 정말로 신세 많이 졌습니다.

 실제로 부품 가공에 많은 도움을 주셔서 매우 즐거웠습니다.

 여러분이 매우 열심히 임해 주어서 나야말로 즐겁게 부품 만들기를 할 수 있었어요. 또 뭔가 필요한 부품이 생기면 언제든지 상담하러 오세요.

 감사합니다.

세 사람은 공작관을 뒤로 하고 실습실에서 로봇 조립에 임하기 시작했습니다. 이번에 제작한 알루미늄재의 부품과 서보 모터는 지름이 2mm인 나사로 고정합니다. 정밀도가 좋은 부품으로 만들어져 있어, 구멍의 위치가 어긋나는 일 없이 쉽게 조립을 할 수 있었습니다.

 이제, 모양이 대충 완성된 것 같아. 이것으로 각 부분의 서보 모터를 움직이는 프로그램을 작성하면 로봇이 걸을 수 있게 되겠지.

 응. 하지만 정말로 잘 걸을 수 있어야 할텐데…….

 또 약한 소리 하네~. 다리를 움직이는 순서 같은 것은 정해져 있잖아. 무릎 부분을 들어 올려서 발꿈치부터 지면에 접지시켜서 발끝부터 떼면…….

7. 로봇 완성! 157

육상부인 신재는 몸짓으로 다리의 움직임을 열심히 설명하기 시작했지만 알 것 같으면서도 잘 모르겠다는 표정입니다.

　그런데 신재야 각각의 동작에서 중심의 위치는 어떻게 되어 있어? 계산은 해두었던 거야?

　어엇, 중심의 위치?! 그건……. 안정된 보행은…… 수학으로 나타내는 것을 내가 할 수 있으려나…….

　도서관에 가서 로봇 콘테스트 매거진을 읽으면 알 수 있을 거야. 그 잡지는 이족 보행 로봇을 만드는 방법에 관한 정보가 가득 실려 있으니까.

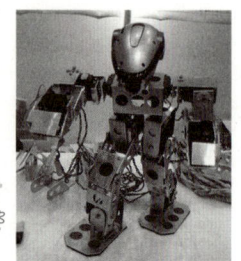

　세 사람은 로봇 콘테스트 매거진을 비롯하여 참고 자료를 찾아보며 보행 이론 등을 습득했습니다. 로봇 제어 회로는 자신들이 제작하기가 어려웠으므로 이번에는 선배로부터 복수 서보 모터를 제어할 수 있는 컨트롤러를 빌려와 이것저것 물어보면서 힘겹게 이족 보행 로봇을 걷게 하는 데 성공했습니다.

▲ 그림 4-18 완성된 이족 보행 로봇

　됐다! 걸었다, 걸었어~. 우리도 이족 보행 로봇을 걷게 할 수 있어~!

　이번엔 나미가 많이 도와줬으니까 고맙다는 인사를 해야지.

　아니야. 조금 도왔을 뿐인 걸. 하지만 이렇게 작업에 열중할 수 있었던 것은 로봇 제작 학교에 입학해서 처음이야. 다음에 또 끼워줘.

　우리야말로 다음에도 또 도와줘.

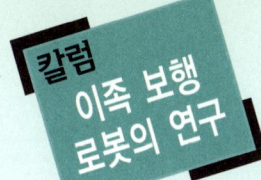

**칼럼 — 이족 보행 로봇의 연구**

수년 전까지는 고교생이 이족 보행 로봇을 만든다는 것은 상상할 수도 없었다. 그럴 만한 기술도 없었고 관련 부품도 비쌌다.

하지만 요 몇 년 만에 상황은 크게 바뀌었다. 대학 연구실에서도 어렵다고 생각하고 있었던 이족 보행을 ROBO-ONE을 비롯한 로봇 경기 대회에 등장하는 로봇들이 너무나도 간단하게 해낼 수 있게 된 것이다. 물론 이것과 관련된 기술은 간단한 것이 아니지만 기계나 전기의 기초를 배운 사람이라면 누구나 쉽게 할 수 있는 수준이다. 그 수준은 다양하지만 단지 서보 모터를 순서대로 정해진 각도로 움직여 가는 것은 그렇게 어려운 일은 아니다. 여기 로봇 제작 학교에서 신재 팀이 만든 이족 보행 로봇도 이 분야에 해당될 것이다.

서보 모터를 움직이는 소프트웨어를 이번에는 시판되는 것을 사용했는데, 만약 소프트웨어부터 만들려고 한다면 더욱 어려워진다. 게다가 가속도 센서나 자이로 센서 등을 붙여 전도되었을 때 일으켜 세울 수 있도록 하려면 더욱 어려워진다. 그것을 무선으로, 그것도 프로그램이 아닌 로봇 스스로 생각하면서 걸을 수 있게 하려면 더더욱……. 그래도 단지 '걷는다'는 동작을 비교적 쉽게 할 수 있게 된 것은 로봇 제작의 초보자들에게 용기를 주게 되었다는 점에서 그 의미가 크다.

신재 팀은 이번에 서보 모터를 넣는 작업인 서보 브래킷(servo bracket)의 판금 가공부터 한 듯한데, 이것은 매우 중요한 일이다. 로봇이라고 한다면 하이테크 컴퓨터 프로그램만으로 만들어져 있다고 생각할 수도 있지만 서보 브래킷은 1장의 알루미늄판을 종이접기처럼 구부리는 순서를 생각하면서 모양을 만들어 가는 실질적인 작업이다. 최근에는 이 서보 브래킷을 통째로 판매하기도 하지만 역시 자신이 로봇을 완성시켰다고 하는 성취감을 맛보기 위해서는 어려운 부분은 자신이 직접 가공하는 것이 좋을 것이다.

로봇의 보행 이론에는 여러 가지가 있다. 이족 보행으로는 중심의 위치를 늘 안정적으로 유지하고 밸런스를 유지하며 걷는 정보행(靜步行)과 밸런스를 유지하지 못하더라도 중심의 이동을 예측하면서 다음 발을 내딛는 동보행(動步行)이 있다. 최근에는 걷는 것은 물론이고 달리는 로봇도 등장하고 있지만 걷는 것과 달리는 것의 차이는 간단하게 말하면 어느 쪽이든 한쪽 발이 늘 지면에 닿아있는 것이 걷는 것, 양쪽의 발이 공중에 떠있는 순간이 있는 것이 달리는 것이다.

아무리 로봇 보행의 이론을 짜내더라도 실제로 움직이는 것을 만들 수 없다면 의미가 없으므로 로봇 마니아들이 줄지어 간단히 보행 로봇을 만들 수 있게 된다면 로봇 공학이라는 간판을 걸고 논문만 쓰고 있는 연구자는 곤란을 겪게 될지도 모르겠다.

앞으로는 플라모델(PLAMODEL)이나 무선 조종 헬기처럼 로봇도 취미와 학술 분야로 분화될지도 모르지만, 지금은 그 과도기라고 할 수 있다. 어떤 기술이라도 발전하는 시기와 정체하는 시기가 있기 마련이다. 로봇도 지금은 그 기술 진화의 최전선을 향해 돌진하고 있다. 이러한 중에 로봇 제작에 참여할 수 있게 된 것을 행운으로 여기며, 젊을 때부터 로봇을 전문적으로 배울 수 있는 로봇 제작 학교의 학생들을 나 자신도 실은 부럽게 생각한다.

# 제5장

## 시내 공장에서 현장 실습하기

로봇 제작 학교 수업은 교내뿐 아니라 교외에서도 다양한 체험 학습을 할 수 있도록 교육 과정이 편성되어 있습니다. 2학년인 신재와 진일, 그리고 나미 세 사람은 여름 방학에 머시닝 센터를 배우기 위해 인천에 있는 시내 공장에서 실습을 하기로 했습니다. 머시닝 센터의 개요부터 시작하여 기본 가공 조작, 그리고 로봇 부품 가공에 이르기까지 학교에서는 거의 배울 수 없는 것들을 현장에서 실무를 담당하고 있는 전문가에게 배워가며 익힐 수 있습니다.

이 장의 주요 등장 인물

신재  진일  나미  지호 씨  위대한 교수

#  시내 공장에서의 현장 실습

신재, 진일, 나미 세 사람은 8월 1일부터 2주 정도 인천에 있는 공장에서 머시닝 센터 실습을 하기로 했습니다. 세 사람이 신세질 분은 풍남제작소의 지호 씨입니다.

 어서 오세요. 잘 왔어요. 오늘부터 2주 정도 현장 실습으로 여러분들을 도울 지호입니다. 잘 부탁합니다.

 저희야말로 잘 부탁드립니다.

 잘 부탁드려요.

 나미입니다. 잘 부탁드립니다.

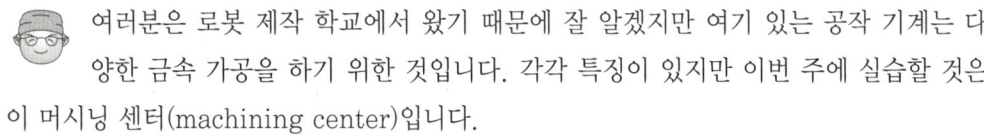 여러분은 로봇 제작 학교에서 왔기 때문에 잘 알겠지만 여기 있는 공작 기계는 다양한 금속 가공을 하기 위한 것입니다. 각각 특징이 있지만 이번 주에 실습할 것은 이 머시닝 센터(machining center)입니다.
　여러분은 지금까지 어떤 공작 기계를 사용해봤나요?

 그러니까~저, 선반과 볼반, 그리고…….

 프레이즈반도 사용해봤습니다.

 지난번 이족 보행 로봇 제작에서는 NC 터릿 펀치 프레스도 사용해봤습니다.

역시 로봇 제작 학교 학생들답습니다. 그 정도의 경험이라면 충분합니다. 보통 수동으로 움직이는 선반, 프레이즈반, 볼반을 충분히 사용할 수 있다면 대부분의 금속 가공을 할 수 있습니다.

여기서 공작 기계의 기본이 되는 선반, 프레이즈반, 볼반에 대해 간단하게 소개합니다.

선반은 공작물을 회전시키면서 바이트(bite)라는 칼날을 사용하여 절삭 가공을 하는 공작 기계입니다.

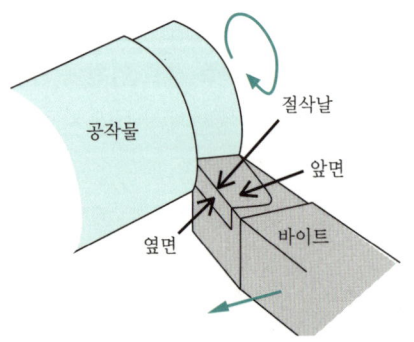

▲ 그림 5-1 선반 가공

프레이즈반(fraise盤)은 프레이즈라는 칼날을 회전시켜 절삭 가공을 하는 공작 기계로, 종프레이즈반과 횡프레이즈반이 있습니다. 여기서는 대표적인 2개의 가공을 소개합니다.

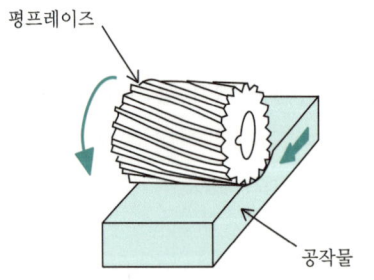 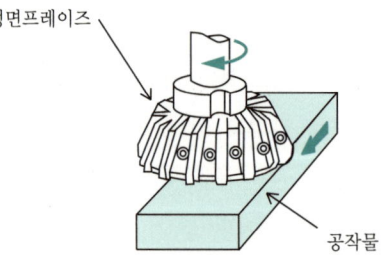

▲ 그림 5-2 평프레이즈에 의한 평면 깎기    ▲ 그림 5-3 정면프레이즈에 의한 평면 깎기

볼반(Bohr盤 : drilling machine)은 드릴을 회전시켜 구멍 뚫기 작업을 하는 공작 기계입니다.

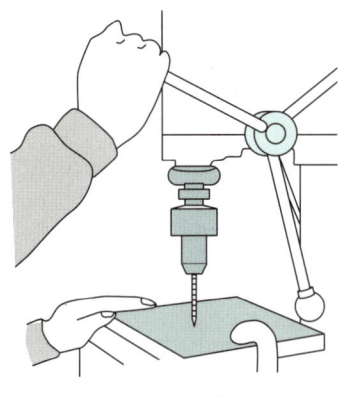

▲ 그림 5-4 볼반(드릴 머신)

 NC는 '수치 제어'라는 의미지요? 그런데 왜 머시닝 센터라고 하나요? NC 선반, NC 프레이즈반, NC 볼반이라고 하면 좋을 것 같은데요.

음. 그 부분이 조금 복잡한데, 잠깐 설명해줄게요. 일반적으로 NC라고 하는 경우는 수치 제어에 의해 행해지는 선반 작업이나 프레이즈 작업, 구멍 뚫기 작업이 단일 공정으로 한정돼요. 그래서 이것들을 단기능 NC 공작 기계라고 할 수도 있습니다.

하지만 실제로 제작되는 부품의 대부분은 일반적으로 많은 공정을 필요로 하기 때문에 단기능 NC 공작 기계보다는 다기능적인 것이 더 좋은 것인가요?

그렇지요. 물론 단기능 NC 공작 기계를 사용하면 인간이 수동으로 가공하는 것보다 더 신속하고 정확하게 가공할 수 있어요. 하지만 절삭 가공이 신속하게 행해지더라도 실제로 제작에 걸리는 시간의 대부분은 절삭 공구의 취급이나 공작물의 부착·제거, 또는 공작 정밀도 검사 등에 소요되고 있어요.

 하지만 절삭 공구의 부착까지도 자동으로 할 수 있나요?

 그 비밀은 이 툴 홀더(tool holder)에 있어요. 여기에 부착된 프레이즈나 드릴 등의 공구가 프로그램에 따라 자동으로 주축에 장착돼요.

프레이즈반 실습 시간에 공구를 바꿔 끼울 때 고생했어요. 이것을 자동으로 해준다니 대단한데요!

 그래서 이 머시닝 센터를 이용함으로써 종합적인 생산성을 높일 수 있는 것이군요.

 잘 정리해주었어요. 그럼 실제로 기계 부품을 제작하는 흐름에 대해 설명하지요.

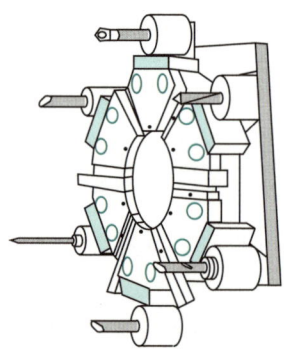

▲ 그림 5-5 툴 홀더

## 2 도면 그리기

머시닝 센터라는 것은 어디까지나 공작 기계의 일종이기 때문에 어떤 기계 부품을 제작하기 위해서라도 먼저 기본이 되는 것은 도면이에요. 제도의 기초는 배웠죠?

네.

우리 공장에는 매일 전국 각지에서 다양한 도면이 배송됩니다. FAX로 오는 경우도 있고 최근에는 이메일 첨부 파일로 깨끗한 도면이 오는 경우도 많지요.

그러한 도면은 손으로 그린 것인가요? 아니면 CAD를 사용해서 그려진 것인가요? 저희는 아직 손으로 그릴 수밖에 없어요. CAD는 배우지 않았거든요.

역시 최근에는 CAD로 그려진 것이 많아요.

지호 씨는 CAD로 그려진 도면을 보여주었습니다.

여기서 CAD란 Computer Aided Design의 약자로, 컴퓨터를 이용한 설계·제도 혹은 그러한 기능을 포함한 시스템을 말합니다.
CAD의 특징으로는 손으로 그리는 도면보다 수정이 간단하고 부품의 확대·축소가 용이하다는 점, 작성한 도면 데이터의 보관이 간단하고 과거에 작성한 도면을 유효하게 활용할 수 있다는 점 등을 들 수 있습니다.

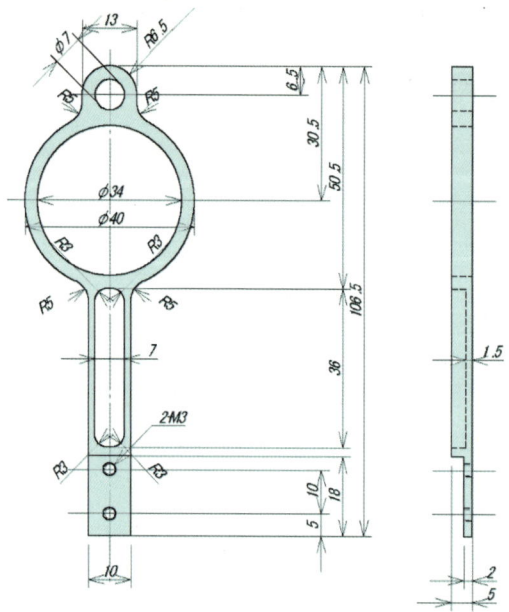

▲ 그림 5-6 CAD로 그려진 도면

와~, 매우 자세한 도면이네요. 이것을 보고 머시닝 센터의 가공 공정을 프로그래밍 하는 것이군요.

이 도면만으로 모든 것을 알 수 있다니 대단한 걸!

어쨌든 도면만 정확히 그려져 있다면 알 수 있어요. 물론 내용을 잘 모를 때도 있지만 그러한 때에는 고객에게 반드시 확인하도록 하고 있지요.

그러고 보니 판금 공장에서 로봇의 부품 가공을 배웠을 때도 같은 말씀을 들었던 것 같아요.

도면 확인이 가능하면 어떤 것이라도 가공할 수 있는 것인가요?

'어떤 것이라도'라는 말은 역시 장담하기 어렵지요. 먼저 가공할 수 있는 크기는 그 공장에 있는 공작 기계의 크기에 좌우되기 때문에 지나치게 큰 것은 가공할 수 없는 것도 있어요.

그렇다면 작은 것은 어느 정도까지 가공할 수 있나요?

그것도 각각의 공작 기계가 어느 정도까지의 공작물을 고정할 수 있는가에 따라 달라요. 공작물을 그 공작 기계에 맞추어 유지할 수만 있다면 그 다음에는 크고 작음보다도 가공 정밀도가 중시되지요.

실제 가공은 어느 정도의 정밀도로 행해지고 있나요?

글쎄요. 도면의 수치는 통상 mm 단위로 표시되어 있지만, 그 수치에 대해 ± 어느 정도의 허용차(許容差)가 필요한가에 따른다고 생각해요.

예를 들어, 이 지면에 그려져 있는 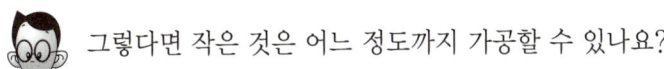20±0.1이라는 것은 19.9~20.1mm의 범위에서 허용된다는 의미인가요?

그래요. 다른 하나는 구멍과 축이 서로 끼워 맞추는 관계인 '끼워 맞춤'이 중요해요. 즉, 구멍과 축을 서로 고정하고 싶은지 아니면 움직이고 싶은지에 의해 '틈새(간극)'라든지 '여백' 등이 생기죠. 이 부분은 아직 배우지 않았을지도 모르지만 잘 알아두세요.

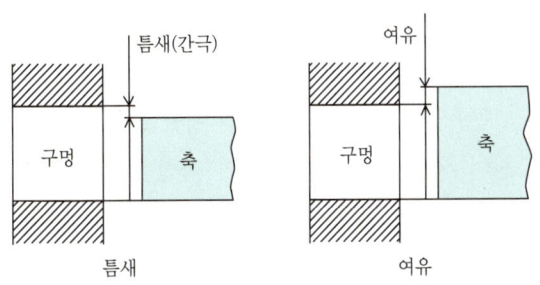

▲ 그림 5-7 틈새와 여유

덧붙여 말하면 표면 거칠기도 잘 고려해야 해요. 기계 부품의 표면에는 반드시 요철이 있는데, 이것은 겉의 미관을 좌우할 뿐만 아니라 마찰이나 마모, 소음, 진동 등에도 크게 영향을 미칠 수가 있어요.

 그런가요~. 그런 것도 도면상에 지시할 수가 있군요.

 표면 거칠기의 기호를 읽으면 그 제품에 어느 정도의 표면 거칠기가 필요한지도 알 수 있어요. 실은 그 표면 거칠기가 어느 정도인가 하는 것은 가공 시간에 크게 영향을 주므로 억지로 최고의 표면 거칠기를 요구하면 곤란한 일도 생기지요.

 그 부분에 어느 정도의 높은 표면 거칠기가 필요한지, 어떤지 잘 생각해야 한다는 말인가요?

 그렇지요. 만일 그 부분에 그렇게까지 높은 표면 거칠기가 필요하지 않다면 납품 기간도 단축시킬 수 있고 가격도 낮출 수 있으니까요.

가공 공정을 결정할 경우에 약간의 사이즈 변경을 제안하는 경우도 있나요?

그럼요. 도면에서 불분명한 점을 문의할 때, 주문에 익숙하지 않은 고객 등에게는 그러는 편이 좋다는 제안을 우리 쪽에서 하는 경우도 있어요.
특히 최근에는 개인이 로봇 부품 제작을 하는 경우가 많아지고 있어, 우리도 로봇 부품의 형상에 대해 이것저것 배우고 있지요.

　신재 팀은 공장에서의 실습을 통해 바로 공작 기계의 사용법을 체험할 수 있을 것이라고 생각했었지만 우선은 도면을 바르게 그리는 것을 배웠습니다. 로봇 제작 학교에서의 부품 만들기는 지금까지 자신이 생각했던 것을 자신이 직접 만드는 경우가 대부분이기 때문에 자신의 머릿속에 간직하고 있으면 된다는 안일한 생각에 그렇게까지 신중하게 도면을 그려본 적이 없었습니다. 그러나 현장에는 고객으로부터 '이러한 부품을 만들고 싶어요'라는 주문과 함께 도면이 전달되기 때문에 그 도면만으로 정보를 파악할 수 있어야 하는 것입니다. 도면은 바르고 정확하게 그려야 한다는 것을 이 세 사람은 다시 한 번 실감했습니다.

제 · 5 · 장 · 시 · 내 · 공 · 장 · 에 · 서 · 현 · 장 · 실 · 습 · 하 · 기

# 3 가공 계획 세우기

    도면을 판독하여 어떤 기계 부품을 제작할 것인지 정했다면 다음에는 가공 계획을 세워야 합니다. 같은 것을 만든다고 하더라도 칼날의 선택이나 제작 순서는 몇 가지로 생각할 수 있습니다. 여러 가지 조건을 고려하여 적절한 가공 계획을 세워 나가야 하는 것입니다. 이때 그 부품을 몇 개 제작할 것인지도 잊어서는 안 됩니다. 같은 부품이라도 10개 만드는 것과 1,000개 만드는 것과는 가공 계획이 달라지는 일이 많기 때문입니다.

    실은 이 순서는 부품 만들기에서 매우 중요한 일로, 순서가 정해지면 80%는 완료된 것과 마찬가지라고 할 수 있습니다. 즉, 순서가 정확하게 되어 있으면 그 다음에는 자동으로 가공이 진행되는 것을 지켜보고만 있으면 된다고 할 수 있습니다. 실제로는 순서대로 진행되지 않는 경우가 많지만, 이것을 염두에 두고 있어야 언젠가 발생할지도 모르는 사고를 조금이라도 줄일 수 있을 것입니다.

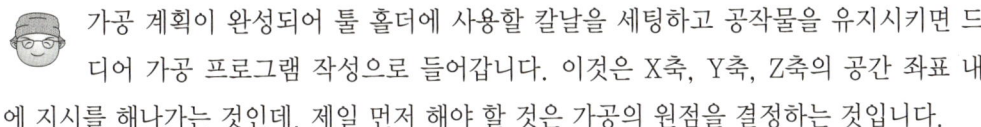
가공 계획이 완성되어 툴 홀더에 사용할 칼날을 세팅하고 공작물을 유지시키면 드디어 가공 프로그램 작성으로 들어갑니다. 이것은 X축, Y축, Z축의 공간 좌표 내에 지시를 해나가는 것인데, 제일 먼저 해야 할 것은 가공의 원점을 결정하는 것입니다.

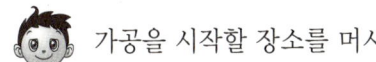
가공을 시작할 장소를 머시닝 센터에 기억시키는 것이군요.

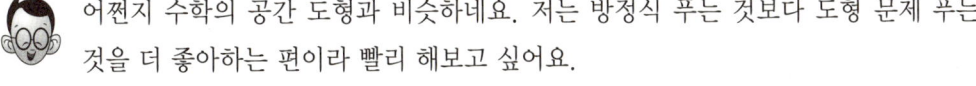
어쩐지 수학의 공간 도형과 비슷하네요. 저는 방정식 푸는 것보다 도형 문제 푸는 것을 더 좋아하는 편이라 빨리 해보고 싶어요.

그런가요? 그렇다면 기대되네요. 여기서 새로 작성된 프로그램이 있으니까 그것을 움직여봅시다.

지호 씨는 스위치를 눌렀습니다. 그러자 '쉬-익' 하는 소리가 나고 툴 홀더가 움직이기 시작하면서 최초의 공구가 움직였습니다. '쉬-익, 쉬-익'.

눈 깜짝할 사이에 최초의 공구가 나왔어요. 지금 정지되어 있는 부분이 가공의 원점이 되는 것인가요?

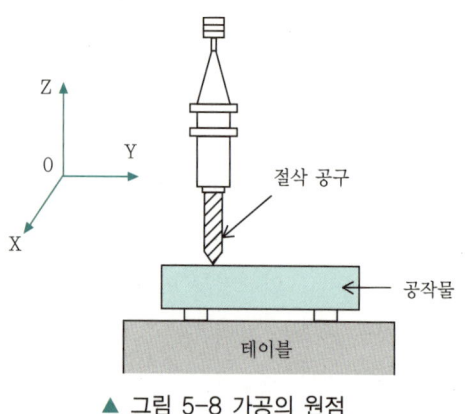

▲ 그림 5-8 가공의 원점

그래요. 여기부터가 가공 작업의 시작이에요.

그러자 잠시 후 '위-잉' 하는 소리를 내며 엔드밀(end mill)이 회전을 시작했습니다. 엔드밀이라는 것은 외관이 드릴과 비슷한 절삭 공구이지만 드릴이 축방향으로 추진하여 원형의 구멍을 뚫는 것에 비해 엔드밀은 측면의 칼로 축에 직교하는 방향으로 구멍을 깎아 넓히는 용도에 사용됩니다. 그래서 드릴처럼 구멍 뚫기 가공에는 적합하지 않고 칼의 측면에 공작물을 대고 가공을 해야 합니다.

드디어 가공의 시작이네요. 두근거려요.
와~아, 엔드밀이 공작물에 닿았다. 깎이고 있다, 깎이고 있어!

신재야, 그렇게까지 흥분하다니. 깎이는 것은 당연하다니까.

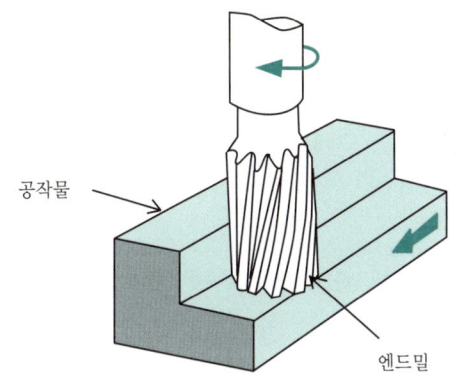

▲ 그림 5-9 엔드밀을 사용한 단 깎기

 지호 씨, 이 엔드밀의 회전 속도도 프로그램에 의해 정해져 있나요?

좋은 질문이에요. 프로그램에 지정되어 있는 것은 엔드밀이 공작물에 접촉하는 부분의 좌표만이 아니에요. 엔드밀의 회전 속도, 파들어가는 양, 보내기 등도 프로그램화되어 있어요. 이것들은 공작물의 재질이나 형상, 완성되는 가공면의 정밀도 등에 의해 변하지요.

 로봇 제작 학교의 프레이즈반 실습에서는 교수님께서 가공 순서를 모두 가르쳐주셨었는데, 이러 저러한 것들을 고려하면서 자신이 결정해 나갈 필요가 있겠네요.

저도 우선은 가공면을 매끄럽게 완성하기 위해 파들어가는 양을 적게 해 천천히 보내며 가공했어요. 그때는 자동 보내기도 사용할 수 없어서 상당히 힘들었어요.

매우 귀중한 체험이네요. 프레이즈반에서도, 선반에서도 처음에는 자신의 손으로 절삭 감각을 익히는 것이 프로그램을 작성할 때에도 크게 도움이 돼요. 거꾸로 말하면 그와 같은 범용기(凡用機)에서의 경험이 적을 경우 갑자기 프로그램을 작성하려고 하면 상당한 어려움이 따르지요.

절대로 접히거나 부러지거나 하지 않는 칼날이 있다면 좋겠어요.

 그렇기는 하지만 그것은 어려운 일이에요. 초경 합금이나, 다이아몬드의 칼이라도 계속 사용하면 반드시 마모되기 마련이니까요.

 절삭 시간을 생각한다면 같은 부분을 몇 단계로 나누어 조금씩 절삭해 갈 때에는 마지막 부분만 파들어가는 양을 줄여 천천히 가공을 하면 되나요?

 그래요. 가공 시간을 생각한다면 모든 부분을 천천히 가공하고 있을 이유도 없으니까 대충 깎을 부분과 정밀하게 깎을 부분을 나누어 생각해둘 필요가 있어요.

이런 이야기를 하는 동안 가공은 속속 진행되어 갔습니다.

▲ 그림 5-10 절삭 가공이 진행되는 모습

그리고 최초로 완성된 것은 개인적으로 로봇을 만들어보고 싶어하는 한 대학원생의 주문에 의해 만들어진 부품입니다.

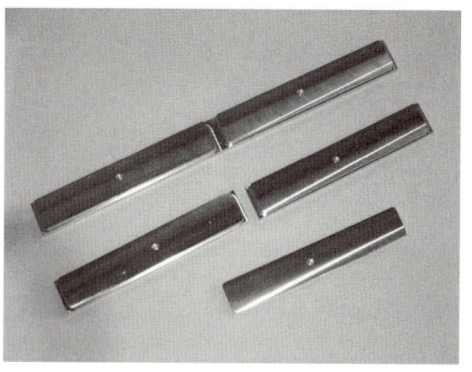

▲ 그림 5-11 로봇 부품(1)

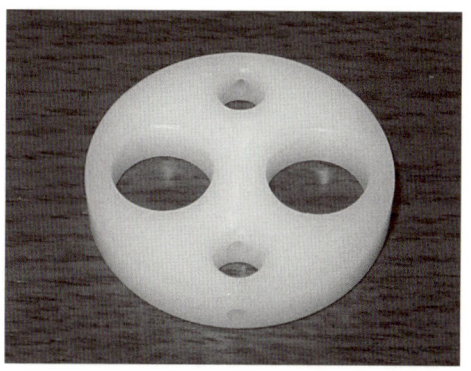

▲ 그림 5-12 로봇 부품(2)

제 · 5 · 장 · 시 · 내 · 공 · 장 · 에 · 서 · 현 · 장 · 실 · 습 · 하 · 기

## 4 기본 가공의 실제

 머시닝 센터에 의한 가공도 어느 정도 알게 되었으니까 슬슬 어떤 로봇 부품이라도 만들어볼까~.

 아직은 아니야. 아직 시내 공장에서 물건 만들기를 이틀밖에 견학하지 못했잖아. 이 것만으로 머시닝 센터가 무엇인지 전부 알았다고 생각한다면 큰 오산이야. 판금하는 분께 의뢰해 가공해보았을 때도 그랬잖아. 기술은 그렇게 단기간에 습득할 수 있는 것이 아니야.

진일이 말이 맞아. 특히 이번엔 로봇 부품을 만들기 위해서가 아니라 시내 공장 견학을 체험하기 위한 현장 실습이니까 머시닝 가공의 여러 가지를 배울 수 있다면 좋겠어.

으~응, 그것도 그러네~.

 그건 좀 힘들 것 같아요. 시간이 있다면 여러분들이 만들고 싶은 것을 만들게 해주면 좋겠지만, 마침 추석 전이라서 납품이 임박해 있는 물건들이 많기 때문에 우선은 이것들을 모두 정리해두어야 하니까 잠시 기다려주세요.

바쁘신데 죄송해요. 방해되지 않도록 주의할 테니까 아무쪼록 잘 부탁드려요.

아니에요. 나야말로 자세히 이것저것 가르쳐주어야 하는데 올 여름은 기쁜 일이긴 하지만 주문이 많이 밀려 있네요.

가만 있자, 오늘은 위대한 교수님이 잠깐 들르시는 날이지 않았나?

 앗, 그랬었지. 오늘은 오후부터 로봇학과장이신 위대한 교수님이 여러분들의 실습 장면을 보러 오신다는 연락을 받았어요. 오전 중에 순서가 완료된다면 가공은 자동으로 되니까 오후에는 실습다운 실습을 할 수 있을 거예요. 일단 오전에는 견학하는 것으로 부탁드려요.

 알겠습니다. 그럼 저희들이 버(burr) 제거든 쓰레기 버리기든 무엇이든 할 테니까 염려마시고 말씀만 해주세요.

 그럼, 저쪽에 우리 공장에서 만드는 기본 가공의 샘플들이 놓여 있으니 봐두면 참고가 되겠네요.

 네, 정말 감사합니다.

 당장 보러 갈까?

세 사람은 옆방에 놓여 있는 기본 가공의 샘플을 보러 갔습니다.
기본 가공이라고 해도 수많은 종류가 있어, 언뜻 보는 것만으로는 어느 칼날로 절삭한 것인지 알 수 없는 것도 있었습니다.
세 사람 모두 진지하게 들여다보고 있는 중입니다.

 이것이 외형 깎기군.

 보통은 엔드밀로 하는 가공이지.

 프레이즈반 실습에서는 정육면체를 가공했었지만 역시 저것이 기본이 되는구나.

이것은 판이나 블록 형상의 재료를 절단한 다음 엔드밀 등을 사용해 필요한 치수로 깎아내는 육면 깎기 프레이즈 가공이야.

▲ 그림 5-13 육면 깎기 프레이즈 가공

 이쪽은 코너부를 모떼기 가공했어. C는 45° 직선에 의한 모떼기, R은 원의 반지름 이었지.

▲ 그림 5-14 코너부 C면의 모떼기 가공　　▲ 그림 5-15 코너부 R면의 모떼기 가공

 이런 식으로 직선을 커트할 수도 있군. 언뜻 봐서는 간단해 보이지만 공작 기계를 사용하지 않으면 불가능한 가공이네.

▲ 그림 5-16 직선 커트 가공

 이것도 직선 커트처럼 보이지만 자세히 보면 곡선으로 가공되어 있는 것 같아.

그런 것 같아.
곡선 가공의 지정 방법은 곡선(원을 포함), 선+곡선을 각각의 치수 거리로 나타낸 것으로 된 것 같아.

▲ 그림 5-17 곡선 커트 가공

이 외에도 다양한 잘라내기 가공이 있어.
이것들의 코너부도 잘 보면 직각이기도 하고, C(45° 경사)이기도 하고, R(둥근 반지름)이기도 해.

 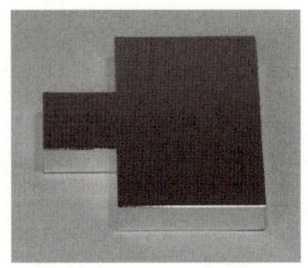 

▲ 그림 5-18 잘라내기 가공

 어떤가요? 조금은 참고가 되었나요? 가공하는 일도 일단 끝났으니까 잠시 설명해 드리지요.

이러한 기본 가공을 보고 바로 로봇 부품을 떠올리는 것이 아직은 어려울지도 모르겠지만 로봇 부품도 이처럼 실질적인 가공의 조합이라는 것을 알아두세요.

다음은 모떼기 가공 같은데요.

모떼기라는 것은 면과 면을 잇는 이음매(joint)를 만드는 가공으로, 대패 혹은 모떼기 공구, 줄을 사용해 제거하는 것이지요. 다치지 않도록 방지하기 위해, 그리고 보았을 때의 아름다움을 위해 일상적인 제품의 거의 대부분은 모떼기를 시행하고 있습니다.

우리 공장에서는 외형의 외부 조각이나 구멍의 조각, 포켓의 내부 조각 등의 모떼기를 C 형상, R 형상으로 하고 있어요.

▲ 그림 5-19 모떼기 가공(C 형상)     ▲ 그림 5-20 모떼기 가공(R 형상)

와아~, 이런 것까지 신경을 써서 가공하고 있네요. 저희는 이런 부분은 언제나 철공 줄로 둥글렸는데요.

 물론 그렇게 하는 것만으로도 충분할 때가 있어요.
다음은 구멍 뚫기, 탭(tap) 가공에 대해 설명하지요.

 구멍을 뚫고 싶거나 나사 구멍을 뚫고 싶을 때 하는 가공이군요.

 그래요. 이 공장에서는 보통 구멍은 드릴, 나사 구멍은 탭, 정밀도가 높은 구멍은 엔드밀 또는 리머(reamer)를 사용해서 가공하고 있어요.

▲ 그림 5-21 구멍 뚫기 가공

 이것은 보통 드릴로 가공한 것인가요?

 그래요. 경우에 따라서는 엔드밀, 리머를 사용하기도 하지요. 주문한 사람에게 구멍의 위치나 구멍의 치수를 물어보고 가공을 합니다.

 여기 샘플 구멍에는 경사가 있는데, 무엇 때문인가요?

 이것들은 접시 구멍 가공이라 하고 주로 접시 나사를 사용했을 때 표면에 나사머리가 나오지 않도록 하기 위한 가공이에요.

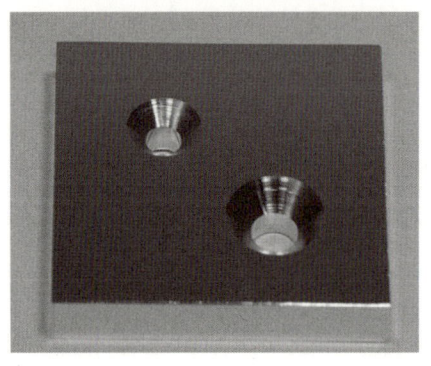 

▲ 그림 5-22 접시 구멍 가공

이쪽 것은 탭(나사) 가공입니다. 이 공장에서는 보통의 미터 나사라면 M10까지는 바로 가공할 수 있어요.

또한 이와 같은 긴 구멍 가공도 구멍의 위치나 구멍 지름을 주문받은 대로 가공하고 있어요.

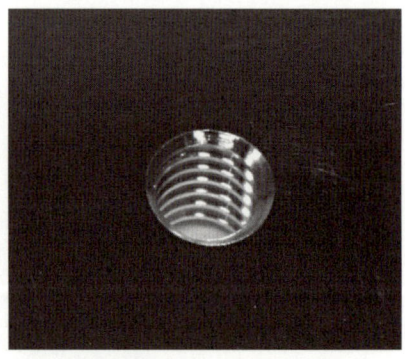

▲ 그림 5-23 탭(나사) 가공

와~, 대단해요. 이런 것도 가능하다니!

이렇게 세 사람은 여러 가지 기본 가공의 실제를 하나씩 습득해 갔습니다. 지호 씨의 공장에 부품을 의뢰해 온 고객의 경우 가공의 실제를 알지 못하는 분도 많은 것 같아, 이처럼 가공의 샘플을 준비해 놓고 있고, 각 가공의 가공 비용에 대해서는 기준이 설정되어 있어 처음 오는 고객들도 쉽게 알 수 있습니다.

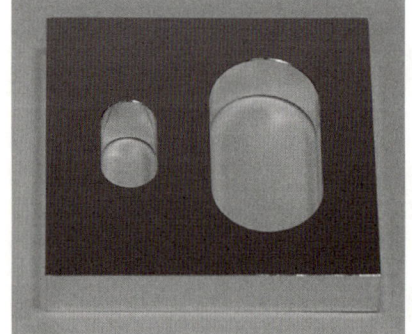

▲ 그림 5-24 긴 구멍 가공

제 5 장 시내 공장에서 현장 실습하기

# 5 보다 입체적인 가공

 그러면 지금부터는 좀 더 입체적인 부품 가공을 시작할 테니까 머시닝 센터 주위로 모여주세요. 아! 그런데 점심시간이 다가오니까 잠깐 쉬지요.

 네, 알겠습니다.

 기본 가공에 대해 설명을 듣고 나서인지 머시닝 센터의 움직이는 이미지가 그려지네요.

 그럼 빨리 도시락을 먹을까요?

  그리고 점심식사 후, 좀 더 입체적인 부품의 가공이 시작되었습니다. 기본 가공은 평면적인 것이 많았지만, 입체적인 가공을 보게 되자 머시닝 센터의 대단함을 더욱 실감할 수 있었습니다.

 이것은 포켓 가공이라고 하며 원이나 사각, 막힌 선 등으로 둘러싸인 공작물의 안쪽을 지정한 깊이로 깎는 파들어가기식 가공입니다. 이 가공에서는 그 외에 단차가 있는 포켓 가공이나 섬 만들기 가공 등도 가능합니다. 무엇인가 수납하고 싶어지게 만드는 용도에 적합한 가공이라고 생각해요.

 와아~, 멋진 가공이네요. 이러한 것도 만들 수 있다니, 감동했어요!

  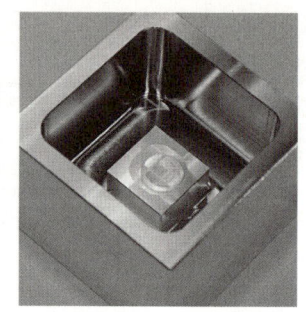

▲ 그림 5-25 포켓 가공    ▲ 그림 5-26 단차 가공    ▲ 그림 5-27 섬 남기기 가공

 이제 막 만든 부품이라 버(burr)가 있으니까, 손이 베이지 않도록 주의하면서 만져 보세요.

 표면도 매끈매끈하고, 매우 예쁘게 가공되어 있네요.

 다음은 직선과 곡선을 임의의 폭으로 깎는 홈 가공이에요. 우리 공장에서는 1mm 폭에서부터 홈 가공이 가능합니다. 홈 형상은 직각뿐만 아니라 C나 R도 가능합니다.

  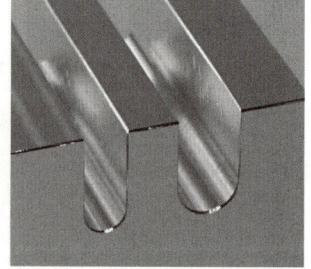

▲ 그림 5-28 홈 가공    ▲ 그림 5-29 직각의 홈 가공    ▲ 그림 5-30 코너 R의 홈 가공

 대단해요!

 예술의 경지 같다는 느낌이 들어요.

감사합니다. 실은 최근에는 예술과 관계된 일도 여러 가지 하고 있어요. 지난 번에는 일본 전통 예술인 꽃꽂이에서는 빠질 수 없는 꽃병을 제작하기도 했어요.

 그렇군요. 이 알루미늄 표면의 광택은 정말로 아름다워서 예술적인 가치도 있을 거라 생각했어요.

그렇게 얘기해주니 정말 기분이 좋네요. 그건 그렇고, 이번에는 직선이나 곡선의 단을 깎는 가공입니다. 많은 응용 예가 있어 의뢰도 많아지고 있어요. 이것도 직각의 단뿐만 아니라 C나 R도 가능해요.

▲ 그림 5-31 단 깎기 　　▲ 그림 5-32 직각의 단 가공 　　▲ 그림 5-33 코너 C의 단 가공

다음에 보게 될 것은 우리 공장에서 자신있게 추진하고 있는 곡면(3차원) 가공이에요. 3차원의 CAD 등으로 모델링한 데이터를 토대로 가공하고 있어요. 마침 이것부터 시작하니까 잘 보세요.

 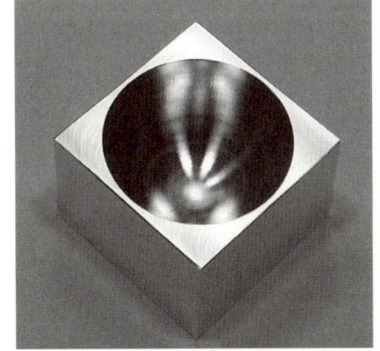

▲ 그림 5-34 곡면 가공

5. 보다 입체적인 가공 | 185

이것이 곡면 가공인가요? 아무리 해도 수동 조작으로는 불가능할 것 같은데요. 역시 수치 제어군요.

3차원의 곡면 가공은 나도 몇 년 전부터 사용하기 시작해서 3차원 CAD와 함께 여러 가지를 공부하고 있는 중이에요. 아직 로봇 부품을 곡면 가공으로 만든 적은 없지만, 앞으로 도전해보려고 해요.

머시닝 센터에 의한 기본 가공의 샘플을 본 다음에 실제로 입체 부품 가공도 보았습니다. 세 사람 모두 어떻게 해서 부품이 만들어지는지 알게 되었기 때문에, 다음에는 자신들이 만들 로봇의 부품을 주문하고 싶다는 생각이 간절해졌습니다.

제 · 5 · 장 · 시 · 내 · 공 · 장 · 에 · 서 · 현 · 장 · 실 · 습 · 하 · 기

# 6 위대한 교수 등장

 안녕하세요, 지호 씨. 학생들이 여러 모로 신세를 지고 있네요.

 교수님, 안녕하세요. 학생들이 모두 열심히 학습하고 있습니다.

 교수님, 안녕하세요~

 오, 열심히 하고 있는 것 같군.

 네. 여러 가공을 보게 되어 많은 도움이 되었어요!

 다행이군.

 매일 발견의 연속으로 아주 재미있어요.

 내일부터는 드디어 여러분들이 설계한 로봇의 부품을 실습하게 되지요?

 네, 그렇습니다.

 가공의 개요는 알게 되었으니까 다음은 여러분들이 무엇인가 만들어보고 싶은 것을 설계해보세요. 로봇 부품이든 무엇이든 좋으니까.

그럼, 지금부터 함께 얘기해보자. 그런데 만들어보고 싶은 부품의 아이디어가 바로 떠오르지 않네. 진일아, 뭔가 좋은 아이디어 있니?

 응. 실은 혹시 어딘가에 사용되지 않을까 해서 CAD 실습을 겸해서 그려 놓은 도면이 이 컴퓨터 안에 들어 있거든, 한번 볼래?

 빨리 보여줘!

 진일은 가지고 있던 커다란 가방 속에서 노트북을 꺼내 전원을 켜고, 도면 몇 개를 모두에게 보여주었습니다.

 와아~, 대단해! 꽤 괜찮은 것 같지 않아?

 멋진걸. 왠지 로봇 같지는 않지만, 이 정도의 부품이라면 그렇게까지 복잡하지 않으니까 우리도 프로그램을 작성할 수 있을 거야.

 일단, 이것도 로봇 부품을 이미지화한 것인 만큼 괜찮은 것 같아. 그럼 이것을 지호 씨께 보여드리자.

 지호 씨~. 이 도면, 진일이가 그려온 것인데, 어떤가요? 저희도 프로그램을 작성할 수 있을까요?

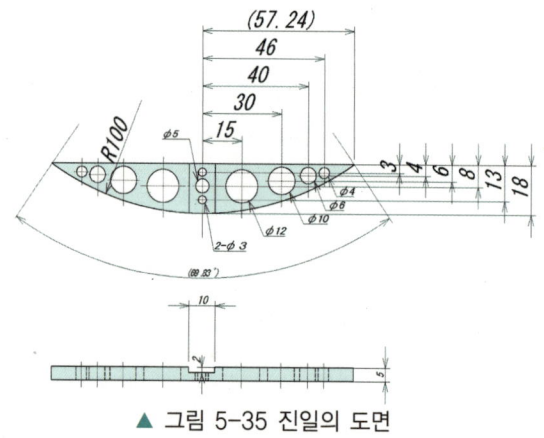

▲ 그림 5-35 진일의 도면

어디 봅시다……. 음.

 안 될까요?

 아니, 상당히 잘 그렸어요. 그러면 이 부품의 가공에 도전해볼까요? 오늘은 벌써 5시니까 내일 아침부터 프로그램을 작성해야겠네요.

그리고 다음날 아침부터 프로그램을 작성하기 시작했습니다. 우선 가장 먼저 프로그램 작성의 개요를 배우고, 오후부터는 드디어 자신들이 작성하고 싶은 부품의 프로그래밍에 들어갔습니다.

 그러면 이 숫자를 보세요. 여기에 여러분들이 작성한 프로그램이 전송되어 있어요. 좌측 윗부분에 표시되어 있는 것이 현재의 X, Y, Z 좌표입니다. 가공이 진행됨에 따라 이 숫자도 변화해 갑니다.

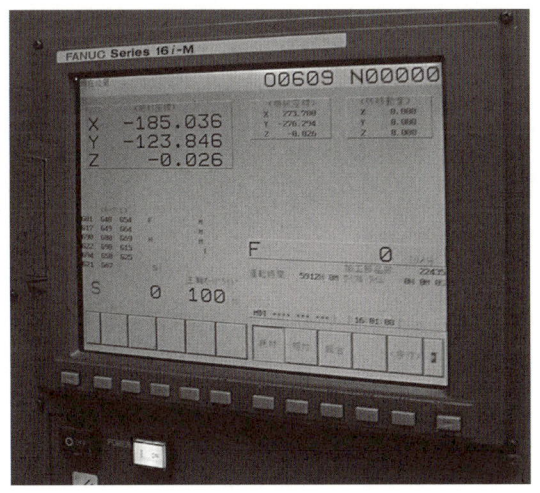

▲ 그림 5-36 프로그램 화면

 와아~. 저희들이 작성한 프로그램으로 가공이 진행되어 가고 있네요! 제발 엉뚱한 방향으로 빠지지 않기를…….

프로그램은 지호 씨께 확인받았으니까 괜찮아. 신재의 실수도 확실하게 수정되어 있으니까.

   그렇게 해서 완성된 것이 이 부품입니다. 다행히 딱 좋은 크기의 부품이 있어서 나사 조임을 해보았습니다.

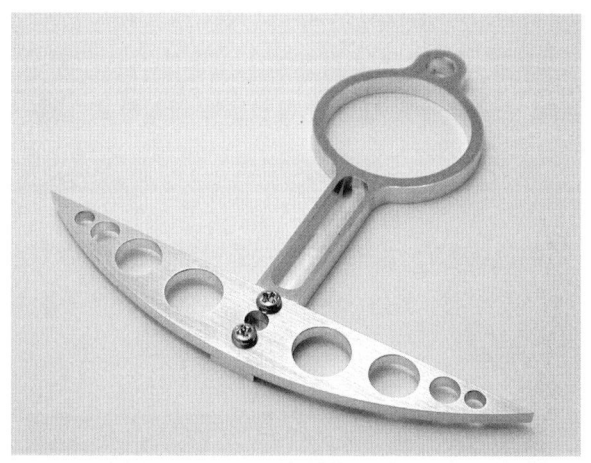

▲ 그림 5-37 완성된 부품

 와아~. 그런대로 로봇 다리처럼 보이네.
이번 로봇에는 이 부품을 사용해보고 싶은 걸…….

 진일아, 다행이다. 자신이 그린 도면이 실제의 모습을 갖추게 되다니.

 지호 씨, 감사합니다!

## 칼럼 — 정육면체 제작

프레이즈반 가공의 기본으로 처음에 많이 실습하는 것은 정육면체 제작이다. 적당한 크기의 정육면체가 주어졌을 때, 각 부분의 길이나 각도를 측정하면서 바른 정육면체가 되도록 가공을 해나가는 것이다.

이 정도만으로도 초보자의 경우에는 상당한 노력과 시간이 요구된다.

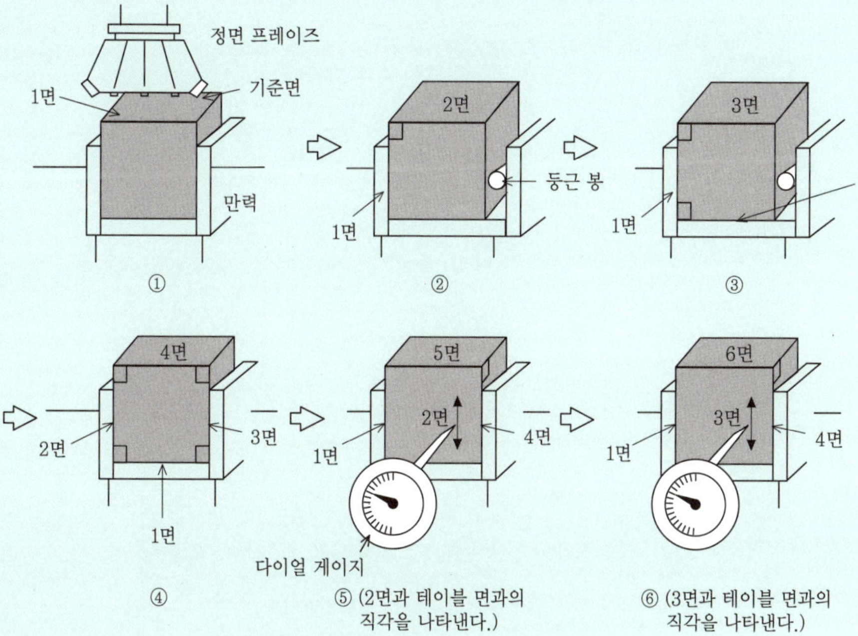

▲ 그림 5-38 정육면체의 제작

[가공 순서]
① 먼저 한 면을 평평하게 가공하여, 이것을 기준면(1면)이라고 한다.
② 1면을 꼭지쇠로 고정하여, 이것과 직각인 2면을 가공한다. 그때 1면의 반대쪽인 면은 아직 평면과 직각이라고 확인되지 않았으므로 꼭지쇠와의 사이에는 둥근 봉을 끼워둔다.
③ 같은 방법으로 하여 2면의 반대쪽에 있는 3면과 1면의 사이가 직각이 되도록 가공한다.
④ 1면의 반대쪽에 있는 4면을 위로 하여 평면으로 가공한다. 이로써 1면부터 4면까지는 직각임을 확인할 수 있지만 이러한 면과 5면, 6면과의 직각은 아직 확인할 수 없다.
⑤ 1면과 4면을 꼭지쇠로 고정하고, 5면의 직각을 만든다.
⑥ 같은 방법으로 하여 6면의 직각을 만든다.

인용문헌 *1 카도다 가즈오 : 「새로운 기계 교과서」, 옴사, 2004.

# 제6장

## 4학년 수업 견학하기
### -공기압 시스템의 제어-

로봇 제작 학교에서는 로봇 제작에 관한 수업이 다양하게 진행됩니다. 어느 수업도 강의만으로 끝나지 않고, 반드시 학생들이 직접 물건을 만들어보고 실험해본다는 것이 특징입니다. 여기서는 4학년의 '공기압 시스템 제어'라는 수업을 견학합니다.
수업 담당은 로봇학과 부학과장이신 유명한 교수님입니다. 가까운 곳에서도 의외로 많이 사용되고 있는 것이지만, 실제로는 거의 보기 드문 공기압 시스템에 대해 실험·실습을 중심으로 학습이 진행됩니다.

이 장의 주요 등장 인물

태환　　태훈　　유명한 교수

제 · 6 · 장 · 4 · 학 · 년 · 수 · 업 · 견 · 학 · 하 · 기

# 1 공기압 시스템의 기초

그때 옆에 앉아있던 태훈이가 대답했습니다.

네! 공기에는 압축성이 있기 때문입니다. 만약 전철 문이 전기 모터 등 다른 액추에이터였다면 급하게 타려다가 문에 낄 경우 큰 사고로 이어질 수 있다고 생각합니다.

그 말 그대로예요. 잘 알고 있네요. 공기압이기 때문에 설사 무리하게 뛰어들어 탔을 때 문에 끼더라도 큰 상처를 입는 일은 없는 것이지요. 그렇다고 해서 여러분들 모두 전철에 뛰어들어 타거나 하는 일은 삼가도록 하세요.

그건 그렇고, 지금부터가 본론입니다. 공기압 시스템에 사용되고 있는 공기압 기기를 순서대로 소개하지요. 자동차의 타이어 등도 그렇지만 공기는 압축되어 용기에 채워 넣을 수 있습니다. 이 용기에 마개를 해서 필요한 만큼만 빼내면 거기서 힘을 낼 수 있는 것이죠. 압축공기를 만들어내는 기계가 이 공기압축기입니다. 이것은 에어 컴프레서 또는 단순히 컴프레서라고도 합니다. 이 기계가 대기 중의 공기를 모아 여기 있는 탱크로 집어넣는 것입니다.

▲ 그림 6-1 공기압축기

그런데 여러분, 압력의 단위는 알고 있나요?

 압력은 단위 면적당 질량(質量)을 말한다고 알고 있어요.

 틀렸어, 태환아. 단위 면적당 힘을 말해.

 질량과 힘은 같은 것 아니야?

 질량은 그 물질 자체가 가지고 있는 보편량을 말해. 운동법칙으로 말하면 관성을 일으키는 크기라고도 하지. 이에 대해 힘이라고 하는 것은 질량에 중력가속도를 가한 것으로, 이것은 중량이라고도 해.

단위로 말하자면 물질의 단위가 [kg]인 것에 대해 힘의 단위는 [kg중]이나 [kgf], 또는 물리에서는 이것을 [N(뉴턴)]으로 표시해. 배웠잖아.

 태훈 군, 정확하게 이해하고 있네요. 로봇 만들기에 있어서 물리의 기초는 빠질 수 없어요. 정확하게 알아두세요.

 네~에.

 과학기술의 세계에서 힘의 단위는 [kg중]이나 [kgf]보다 [N]을 사용하도록 되어 있어요. 왜냐하면 중력가속도는 지구상의 장소에 따라 다르기 때문이지요. 물리 수업에서는 이 수치로 $9.8[m/s^2]$을 사용하고 있지만 장소에 따라 수치는 변합니다.

예를 들어, 백두산과 한라산에서의 중력가속도는 달라요. 질량이 같은 사람이 체중계에 올라서도 적도에 가까운 한라산 쪽에서 재는 사람의 체중이 더 많이 나가게 되는 것이지요.

 오~호!

 좀 더 간단히 설명하지요. 체중 측정은 중량을 측정하는 것으로, 예를 들어 달에서는 지구의 1/6 정도가 됩니다. 일반적으로 무게라고 하는 것도 이것이지요.

그렇다면 압력의 단위는 [kgf/m²]나 [N/m²]로 표시하나요?

 그래요. 둘 중에는 [N/m²]이 권장되지만 아직도 [kgf/m²]를 많이 사용하고 있어요.

 용접실의 압축산소용기에서도 그 단위를 본 적이 있어요. 이전의 피난 훈련 때, 소방차에도 붙어있었어요.

 자세히 보았네요. 그것들은 모두 압력계예요. 압력의 단위에는 그 밖에도 여러 가지가 있지만 하나 더 소개하지요.
[N/m²]는 [Pa(파스칼)]이라고도 나타냅니다. 일기예보 등에서도 사용되고 있기 때문에 들은 적이 있을 거예요. 공학에서는 [Pa]이라는 단위로는 너무 작아서 그 10⁶배인 [MPa]을 많이 사용합니다.

교수님은 공기압축기의 압력계로 눈을 돌리셨습니다.
학생들은 공기압을 배우는 시간에 물리 이야기가 나오리라곤 전혀 생각하지도 못했습니다. 하지만 잘 생각해보면, 공기압이란 '공기의 압력'을 말합니다. 물리에서 배웠던 것이 로봇과도 연결되어 있다는 사실에 왠지 기뻤습니다.

 자, 이 공기압축기의 압력계를 보세요. 단위는 어떻게 되어 있나요?

 최대 눈금은 1.0MPa입니다.

 그렇지요. 즉, 이 공기압축기는 1.0MPa까지의 압축공기를 만들어낼 수 있다는 것입니다. 그렇다면 스위치를 넣어봅시다.

덜덜덜……. 들들들…….
큰 소리를 내며 공기압축기가 움직이기 시작했습니다. 상부에서 대기를 빨아들여 하부에 있는 탱크로 압축공기를 모아 넣고 있는 것입니다.

1. 공기압 시스템의 기초

▲ 그림 6-2 압력계

 소리가 좀 크지만 탱크에 공기가 가득차면 자동으로 멈추니까 잠시 기다려주세요. 소리가 큰 것이 공기압축기의 단점이어서, 이렇게 긴 호스를 연결해 떨어져 있는 장소에서 작동시키는 일이 많아요.

 이 호스 속을 압축공기가 흐르고 있는 것이군요.

 그래요. 그러니까 밟지 않도록 주의하세요.

  그럭저럭 이야기를 하는 동안에 공기압축기의 움직임이 멈추었습니다. 그리고 유명한 교수님은 다음 기기를 꺼내셨습니다.

 여기서 만들어진 압축공기는 다음에 이 공기압 조정 유닛으로 들어갑니다. 이것은 크게 3종류로 나누어지며, 3점 세트라고도 합니다. 공기압축기로부터 압축공기의 압력을 필요한 크기까지 낮추는 감압 밸브, 압축공기 중의 오물이나 먼지를 제거하는 필터(filter), 압축공기에 약간 윤활제를 더해 쉽게 흐르도록 하는 루브리케이터입니다.
  그럼, 이 공기압 조정 유닛을 호스와 연결해봅시다.

  교수님은 능숙하게 호스와 공기압 조정 유닛을 연결시켰습니다. 이 호스는 크기가 정해져 있어, 이번에 사용하는 것은 지름이 4mm와 6mm인 것입니다. 더욱 큰 공기압을 사용할 경우에는 지름이 더 큰 것을 선택하면 됩니다.

▲ 그림 6-3 공기압 조정 유닛

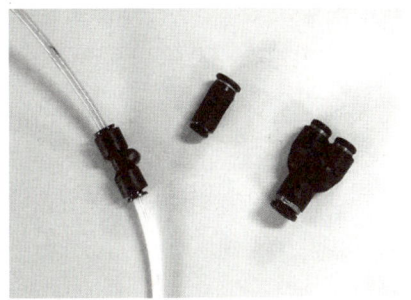
▲ 그림 6-4 연결기

   공기압 조정 유닛에는 각각 대응하는 호스의 지름이 정해져 있으므로, 그에 맞는 것을 접속해야 합니다. 만일 지름이 대응하지 않는 호스를 사용하고 싶을 때에는 접속기를 사용하여 지름이 서로 다른 호스를 접속하면 됩니다.
   또한 이 접속기에는 손톱과 같은 것이 부착되어 있어 간단히 호스를 끼워 넣을 수 있지만 한번 끼워 넣으면 호스가 끼워진 곳을 누르면서 잡아당기지 않는 한 거의 빠지지 않도록 되어 있습니다.

교수님, 이 접속기는 상당히 잘 만들어져 있네요.
이것을 사용하면 하나를 분기(分岐)시킬 수 있을 것 같아요. 어쩐지 전기의 직렬 회로나 병렬 회로와 유사하네요.

맞아요. 전기 회로와 연결지어 생각하면 이해하기 쉬울지도 모르겠네요. 전기를 테스터로 측정하듯이 공기압은 압력계로 측정합니다. 자, 그렇다면 공기압 측정 밸브를 열어보겠습니다.

   교수님이 밸브를 열자, '슈욱-' 하는 소리와 함께 호스가 빵빵하게 부풀려지는 듯한 느낌이 들었습니다.

지금, 이 호스 안에는 1.0MPa의 압축공기가 흐르고 있어요. 감압 밸브를 조금 열면, 예를 들어 0.1MPa로 감압하여 빼낼 수 있어요. 조금 꺼내볼까요?

교수님은 감압 밸브를 아주 조금 열어 압축공기를 꺼냈습니다. 공기압축기에 의한 압축공기는 공작 기계의 구석에 모인 절삭가루를 제거하거나, 뿜어서 도장을 하거나 하는 데에도 사용됩니다.

다음으로 교수님은 책상 밑에서 멜로디언을 꺼내어 천천히 감압 밸브에서 꺼낸 호스에 연결했습니다. 그리고 연주를 시작했습니다.

'삐-삐뿌뿌, 삐뽀삐삐삐-….'

 교가다!

 잘 아네요. 작년에 이 수업을 수강한 학생들이 이렇게 해서 자동 연주를 하는 로봇을 만들었습니다. 본 사람도 있지요?

 저도 보았어요. 하지만 건반을 누르는 부분에 사용되고 있던 액추에이터가 무엇인지 잘 몰랐어요.

 좋은 질문이에요. 지금부터 그것을 설명하려던 참이었어요. 이것이 그 공기압 실린더입니다. 전철 문에도 사용되고 있지만 유감스럽게도 보이지는 않아요. 버스 문이 오히려 눈에 띄기 쉬우니까 본 사람이 있을지도 모르겠네요.

 버스에 있는 것은 본 적이 있어요. 그것도 압축공기로 움직이고 있는 거군요.

 그래요. 공기압 실린더는 비교적 작은 것이 많지만 여러분이 생각하고 있는 것보다 더 큰 힘을 발휘할 수 있습니다. 더욱 큰 것도 있으니까 나중에 보여주지요.

교수님은 공기압 실린더 몇 개를 꺼내셨습니다.

제 · 6 · 장 · 4 · 학 · 년 · 수 · 업 · 견 · 학 · 하 · 기

## 2 공기압 실린더의 구조

이것이 우리 학교에서 자주 사용하고 있는 소형 펜 실린더입니다. 실린더부의 지름이 8mm이고 신축 거리, 즉 스트로크는 50mm입니다. 이것은 스트로크가 조금 짧은 것, 그리고 이것은 로드가 2개 있는 트윈 로드식이에요. 이끌어내는 힘도 크고, 움직임도 안정됩니다. 본체가 각진 것이 둥근 것보다 부착하기 쉬운 점도 있어요.

▲ 그림 6-5 공기압 실린더

이처럼 피스톤을 밀거나 당기는 것이 가능해 전체로서 왕복 운동을 이끌어낼 수가 있어요. 기계 운동은 회전 운동이나 왕복 운동이 기본이지요. 회전 운동을 이끌어내기 위해서는 여러분 모두 잘 알고 있듯이 전기 모터가 필요합니다. 다만, 모터의 회전 운동을 왕복 운동으로 변환시키려면 그곳에 하나의 메커니즘을 추가해야만 합니다.

왕복 슬라이더 크랭크 기구네요. 지금까지의 로봇 콘테스트에서도 만든 적이 있어요.

그래요. 물론 그 메커니즘을 생각해낸 것은 아주 중요한 일이지만 공기압 실린더를 사용하면 그 수고를 덜 수 있어요. 공기압 실린더의 왕복 운동은 당연히 그대로의 왕복 운동으로 활용할 수도 있고, 많은 경우 그 왕복 운동을 기본으로 하여 더욱 복잡한 움직임을 설계하여 사용할 수도 있지요.

태환은 교수님의 설명도 귀에 잘 들어오지 않는 듯, 오로지 공기압 실린더를 신기한듯이 만지작거리고 있습니다.

 교수님, 여기로 압축공기가 들어가나요?

 그래요. 내부 구조는 이렇게 되어 있어요.

교수님은 칠판에 공기압 실린더의 단면도를 슥슥 그리기 시작했습니다.

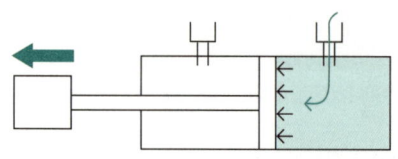 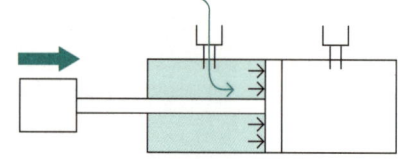

▲ 그림 6-6 공기압 실린더의 구조(밀기)  ▲ 그림 6-7 공기압 실린더의 구조(당기기)

이것이 공기압 실린더의 단면입니다. 이처럼 압축공기의 입구가 2개 있지요. 압축공기가 좌측에서 들어가면 공기압 실린더는 우측으로 움직여요. 즉, 미는 운동입니다. 또한 이처럼 압축공기가 우측에서 들어가면 공기압 실린더는 좌측으로 움직이지요. 즉, 당기는 운동입니다.

 교수님, 공기압 실린더에서 끌어내는 힘은 어떻게 계산할 수 있나요?

 네. 처음에 설명한 것처럼 압축공기의 크기는 압력 단위로 나타낼 수 있어요. 이것이 단위 면적당 힘인데, 압력에 면적을 곱해서 힘을 구할 수 있습니다.

면적이란 어느 부분을 말하나요?

그것은 공기압 실린더의 단면적입니다. 예를 들어, 이 실린더의 지름은 10mm이므로, 여기서 단면적을 구해서 압력을 곱하면 힘을 구할 수 있어요.

단면적 말이군요. 잘 알았습니다. 원의 면적은 ··· 반지름×반지름×3.14······.

태환 군, 그 공식으로도 괜찮지만, 공기압 실린더의 지름은 반지름보다 지름으로 표시하는 경우가 많으므로 지름에서 단면적을 구할 수 있는 공식을 알아두세요.

교수님은 지름에서 단면적을 구하는 공식을 써나갔습니다.

$$단면적\ A = \frac{\pi}{4} \times D^2 [\mathrm{mm}^2]$$

$D$는 지름, $\pi$는 원주율이므로 3.14를 적용해 계산합니다.
예를 들어, 지름이 10mm인 공기압 실린더를 0.4MPa로 사용할 때 이끌어낼 수 있는 힘은······.

$$힘\ F = 단면적\ A \times 압력\ P 에\ 의해$$
$$F = \frac{3.14}{4} \times 10^2 \times 0.4$$
$$= 31.4 [\mathrm{N}]$$

교수님은 공식 다음에 슥슥 숫자를 써넣고 계산하기 시작했습니다. 학생들도 함께 계산을 하고 있습니다.

교수님, 다 했습니다. 31.4N입니다.

오오, 빠르네요. 정답이에요.
그런데 지금 계산에서는 지름의 단위는 [mm], 공기압의 단위는 [MPa]로 했지만, 이것으로 괜찮다고 생각하나요? 잠시 단위를 환산해봅시다. [Pa]이 [N/m²]이므로, [MPa]은 [N/mm²]이 되지요. 즉, [MPa]에 [mm²]을 곱하는 것으로 힘을 [N]으로 이끌어낼 수 있죠.

좀 더 자세히 설명하면 1m는 1,000mm, 즉 $10^3$mm이며 이것의 제곱이므로 $10^6$mm². 이 부분이 'M(메가)'가 되는 것입니다.

 흠~, 그렇구나~. 좀 헷갈리긴 하지만, 단위 환산은 중요하네요.

 주의해야 할 것은 공기압 실린더를 밀어서 사용하는 경우와 당겨서 사용하는 경우에는 단면적이 달라진다는 것입니다.

 단면적이라는 것은 도중에 변할 수 있는 것인가요?

 당길 때에는 피스톤의 로드(rod)만큼 작게 되지요.

 앗, 그렇군! 그런데 단면적이 다르면 뭔가 곤란한 일이라도 있나요?

 좋은 질문이에요.
단면적이 달라진다는 것은, 즉 이끌어내는 힘이 달라진다는 것을 말합니다. 밀 때와 당길 때의 이끌어내는 힘이 달라진다는 것을 염두에 두지 않으면 생각하지도 못한 곳에서 설계 실수로 이어질 수 있으므로 이것을 잊지 않도록 하세요.

 교수님, 빨리 공기압 실린더를 움직여 주세요.

 그래요. 슬슬 움직여봅시다.
우선, 공기압 조정 유닛으로부터 나온 호스를 이 매니폴드(manifold)에 끼워넣습니다. 이것은 전자 밸브로, 이 부품에 전기를 흐르게 함으로써 압축공기를 보내거나 멈추게 하거나 방향을 바꾸거나 할 수 있습니다. 그리고 이것은 전자 밸브가 8개 부착되어 있는 8련의 매니폴드입니다.

 와~. 멋있는 부품이네요.

▲ 그림 6-8 매니폴드와 전자 밸브

 그러면 움직여봅시다.
이 직류 전원 장치로 24V 전압을 전자 밸브에 가해보겠습니다.

교수님이 스위치를 넣자 '슈-' 하는 소리를 내며 공기압 실린더가 움직였습니다.

 오오, 멋있다!

 왠지 웃음이 나오네요.

 그러면 원상태로 해볼까요?

전원을 끄자, 전자 밸브에 전기가 흐르지 않게 되어 공기압 실린더는 원위치로 돌아가버렸습니다.

 교수님, 저도 해보고 싶습니다.

 알았어요. 여기에 다른 것이 준비되어 있으니까, 그룹으로 나눠서 해보세요.

학생들은 교수님이 말씀하신 대로 공기압 기기를 접속해보았습니다. 언제나 그렇듯 다양한 물건 만들기나 실험을 통해 단련되어 있는 로봇 제작 학교 학생들의 손놀림은 신속해 눈 깜짝할 사이에 모든 그룹이 공기압 시스템을 완성시켰습니다.

완성된 그룹부터 컴프레서에 접속해서 실제로 공기압 실린더를 움직여보세요. 다만, 압축공기가 새서 얼굴 등에 닿지 않도록 아무쪼록 안전에 주의하세요. 물론, 나도 접속이 확실하게 되어 있는지 체크할 것입니다.
자, 이 그룹은 됐어요. 컴프레서의 스위치를 켜주세요.

좋아, 간다~. 됐다!

태환이 스위치를 켜자 공기압 실린더는 순조롭게 움직이기 시작했습니다. 그리고 스위치를 끄자 원위치로 돌아왔습니다. 성공입니다.

태환아, 다시 한 번 더 움직여 봐. 어쩐지 미는 것과 당기는 것이 피스톤의 움직이는 속도가 다른 것 같아.

듣고 보니, 어쩐지 밀 때의 속도가 빠르고, 당길 때의 속도는 느린 것 같아.

오오, 벌써 속도의 차이를 느낀 것 같군. 그러면 이 꼭지를 돌려보세요.

교수님은 공기압 실린더의 양 끝에 부착되어 있는 꼭지를 가리켰습니다. 이것을 정식으로는 속도 조절 밸브라고 하며 공기압 실린더에 흘러오는 공기의 양을 조절하는 것입니다.

멋져요, 멋져! 이 꼭지로 속도를 조정할 수 있네. 좀 더 돌려보자.
어? 움직이지 않게 되어버렸어.

밸브를 전부 막아버리면 공기가 흐르지 않게 되기 때문이야.

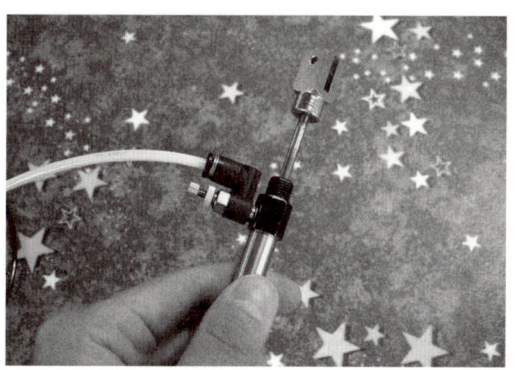

▲ 그림 6-9 속도 조절 밸브

 그래요. 속도 조절 밸브는 완전히 막아버리면 움직이지 않아요. 꼭지를 잘 조절해야 피스톤이 천천히 밀려나와 재빠르게 되돌아오는 움직임과 재빠르게 밀려나와 천천히 돌아가는 움직임 등을 간단히 실현할 수 있는 것이지요. 이 움직임을 전기 모터의 회전 운동으로 설계하는 것은 힘든 일입니다.

그렇군요. 공기압 실린더는 이렇게도 사용할 수 있군요! 대단하네요.

제 · 6 · 장 · 4 · 학 · 년 · 수 · 업 · 견 · 학 · 하 · 기

## 3 제어란?

 자, 지금까지는 수동 스위치에 의한 수동 제어를 공부했습니다. 더욱 복잡한 움직임을 이끌어내기 위해 자동 제어로 넘어가볼까요?
　여기 간단한 전자 밸브를 사용해 한 번 더 공기압 기기를 접속해서 공기압 실린더를 움직여보세요.

▲ 그림 6-10 전자 밸브

 이 전자 밸브는 어디에 튜브를 꽂으면 되나요?

 이 전자 밸브는 5 포트(port)라고 하는 것으로 여기가 입력부인데, 이 두 곳은 공기압 실린더로 접속하는 부분으로 되어 있어요.

 태환아, 공기압축기의 스위치를 켜봐. 아무쪼록 안전에 주의하고.

알았어. 밸브가 모두 닫혀 있는 것을 확인한 다음 스위치 ON이지?

덜덜, 덜덜, 덜덜덜덜. 공기압축기가 움직이기 시작했습니다.

 그럼, 공기압 조정 유닛의 감압 밸브를 천천히 열어봐.
압력은 0.3MPa로 하자. 좋아!

 오오, 공기압 실린더가 조금 움직였어. 자, 스위치를 넣어보자. 전자 밸브 ON!

푸슈-, 슈-. 공기압 실린더가 천천히 움직이기 시작했습니다. 그런 다음 스위치를 ON으로 하자 공기압 실린더는 반대로 움직여 원래대로 돌아왔습니다.

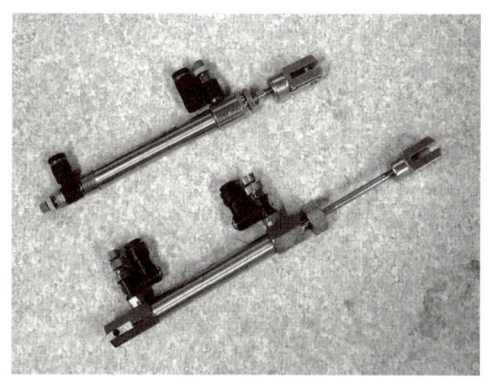

▲ 그림 6-11 공기압 실린더의 왕복

준비가 다 된 것 같네요. 그러면 이 공기압 실린더를 자동 제어로 움직여볼까요? 사용할 기기는 이 시퀀서(sequencer)입니다. 시퀀서라는 것은 PC(프로그래머블 컨트롤러)라고도 하며, 시퀀스(sequence) 제어에는 빠질 수 없는 기기입니다.

그렇다면 제어란 원래 어떤 의미였을까요?
KS 정의에 의하면 제어란 "어느 목적에 적합하도록 제어 대상에 소정의 조작을 가하는 것"이라고 되어 있습니다.

또한 제어에는 인간이 필요한 조작을 직접 행하는 수동 제어와 자동으로 필요한 조작을 행하게 하는 자동 제어가 있습니다. 먼저 수행한 공기압 기기의 제어는 수동 스위치에 의해 행해졌기 때문에 수동 제어입니다. 또한 신입생 로봇 콘테스트에서도 4개의 수동 스위치로 조정했었기 때문에 수동 제어입니다.

지금부터 하려고 하는 자동 제어란 예컨대, 하나의 스위치를 넣음으로써 몇 개의 공기압 실린더가 자동적으로 움직이게 함을 목적으로 하는 것입니다. 자동 제어에는 크게 나누어서 두 가지 방식이 있습니다. 한 가지는 제어된 결과를 시시각각 측정하여 그것과 목표값과의 차를 자동으로 수정하는 피드백 제어를 말합니다. 예를 들어, 에어컨을 이용해 실내를 28℃로 유지하고자 할 경우에 대해 생각해봅시다. 실내의 사람 수나 도어의 개폐 등에 의해 실온이 변하는 것을 알 수 있습니다. 이처럼 설정 온도를 오르락 내리락 하게 하는 요인을 외란(外亂)이라고 하기도 합니다.

이족(二足) 보행 로봇이나 로봇 손 등에서는 제어 대상의 위치나 각도를 시시각각 측정하면서 제어계의 본체에 피드백을 행하고 있습니다.

이번에 시퀀서로 하려고 하는 것은 새롭게 정해진 순서에 따라 제어의 각 단계를 진행해 나가는 시퀀스 제어입니다. 예를 들어, 적→황→적의 순서대로 점등하는 신호기는 새롭게 정해진 순서에 따라 작동하고 있습니다.

시퀀스 제어는 피드백 제어처럼 시시각각 변화하는 데이터를 제어계로 되돌릴 수 없기 때문에 로봇 제어에는 적합하지 않다고 생각할지도 모릅니다. 분명히 피드백(feedback) 제어만큼 복잡한 일은 할 수 없을지 모르지만, 역으로 간단한 제어를 확실히 해낼 수 있다고도 말할 수 있습니다.

실제로 세상에는 수많은 FA 기술자들이 제어 계통의 일을 하고 있으며, 거기서 행해지고 있는 제어의 대부분은 시퀀서를 활용한 시퀀스 제어입니다.

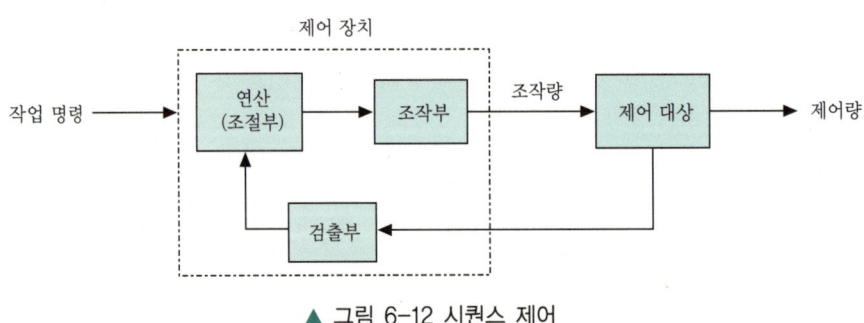

▲ 그림 6-12 시퀀스 제어

그렇다면 시퀀스 제어 수업으로 돌아갑시다.

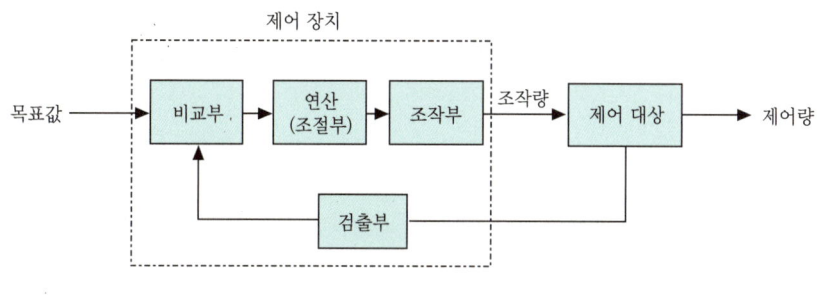

▲ 그림 6-13 피드백 제어

인용문헌 *1 카도다 가즈오 : 「새로운 기계 교과서」, 옴사, 2004.

제 · 6 · 장 · 4 · 학 · 년 · 수 · 업 · 견 · 학 · 하 · 기

## 4 시퀀서의 역할

 시퀀서(sequencer)에는 입력 장치와 출력 장치가 있습니다. 즉, 어떠한 데이터를 입력하면 본체에서 그 데이터가 가공되고, 어떠한 데이터가 출력됩니다. 구체적인 입력 장치에는 스위치나 센서가 있는데, 각각 종류는 다양합니다. 출력 장치의 대표적인 것으로는 램프나 모터 등이 있습니다. 또한 공기압 제어에서는 전자 밸브가 이에 해당됩니다.

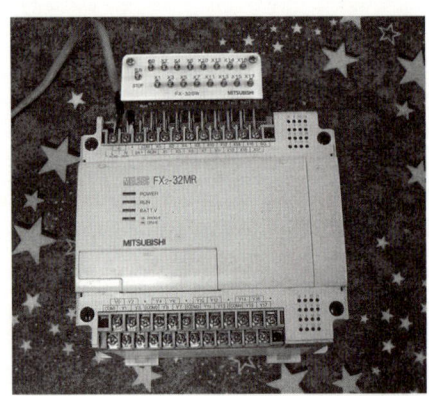

▲ 그림 6-14 시퀀서 본체

 교수님, 입력 장치(入力裝置)와 출력 장치(出力裝置)에 대해서는 알 것 같아요. 작년 실습에서 배운 LEGO MINDSTORMS의 RCX와 같네요.

 그래요. 그것은 입력 장치가 3개, 출력 장치가 3개였지만 그것만으로도 여러 가지 일을 할 수 있었지요.

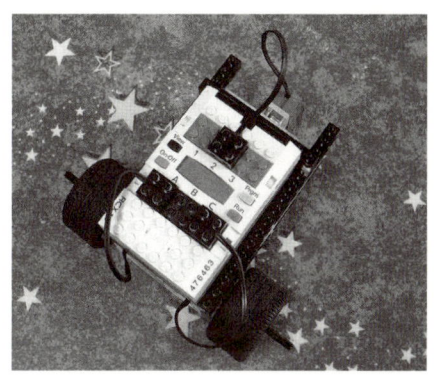

▲ 그림 6-15 LEGO MINDSTORMS의 RCX

 라인 트레이스에서는 조금 어려운 부분도 있었지만 매우 재밌었어요.

 MINDSTORMS에서는 컴퓨터 화면상에 블록을 쌓아가는 것으로 프로그램을 만들었는데, 역시 시퀀서도 그 어떤 프로그램을 하는 것인가요?

 네, 그래요. 그러면 프로그램에 대해 설명하지요. 이 시퀀서의 본체에는 많은 접점이나 타이머가 들어 있어요. 그 기본이 되는 것이 논리 회로입니다.

 논리 회로라면 AND 회로나 OR 회로 등을 사용하는 것인가요?

 그래요. 전자 회로 등에서도 자주 등장하지만 여기서는 시퀀스도와 함께 설명하지요.

 시퀀스도인가요? 프로그램 언어는 아니네요.

 물론 프로그램 언어로도 되어 있지만, 단지 영·숫자의 나열이라면 알기 어렵기 때문에 그림을 이용해서 제어의 흐름을 알기 쉽게 하고 있는 것입니다.

제 · 6 · 장 · 4 · 학 · 년 · 수 · 업 · 견 · 학 · 하 · 기

# 5 시퀀스 명령의 기본

시퀀스도에 사용되고 있는 스위치 기호에는 a접점과 b접점이 있습니다. a접점이라는 것은 스위치를 ON으로 했을 때 회로가 ON으로 되며, 스위치를 OFF로 했을 때 회로가 OFF로 되는 일반적인 접점입니다.

역으로 b접점은 스위치를 ON으로 했을 때 회로가 OFF로 되며, 스위치를 OFF로 했을 때 회로가 ON으로 되는 접점입니다. 시퀀스도에서는 a접점과 b접점을 그림 6-16처럼 나타냅니다.

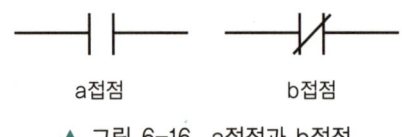

▲ 그림 6-16  a접점과 b접점

시퀀스도에서 2개의 a접점을 AND 회로로 접속한 것은 그림 6-17과 같이 됩니다.

이 그림에서는 입력 장치인 X001과 X002의 양방향이 ON이 되었을 때, 출력 장치인 Y001이 ON으로 됩니다.

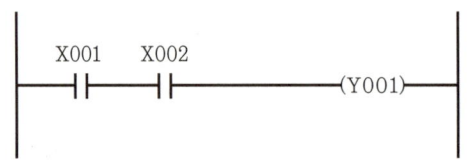

▲ 그림 6-17 AND 회로

시퀀스도에서 2개의 a접점을 OR 회로로 접속한 것은 그림 6-18과 같이 됩니다.

이 그림에서는 입력 장치인 X001과 X002의 어느 하나가 ON이 되었을 때, 출력 장치인 Y001이 ON으로 됩니다.

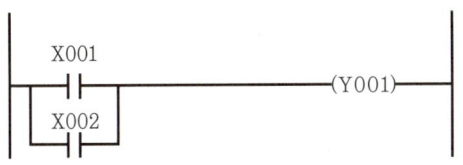

▲ 그림 6-18 OR 회로

또한 자기 유지 회로라고 하는 중요한 회로가 있습니다(그림 6-19).
이 회로는 X001이 ON이 되면 Y001이 ON이 되고, X001이 OFF가 되어도 Y001은 계속 ON의 상태를 유지합니다.

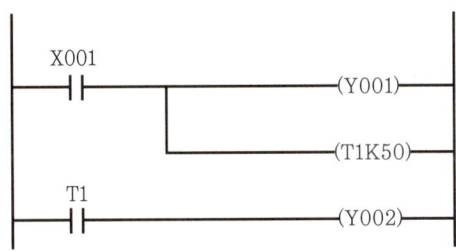

▲ 그림 6-19 자기 유지 회로

그리고 로봇이 움직이도록 하는 데 있어서 빠뜨릴 수 없는 것이 타이머(timer)입니다. 타이머를 사용하면 접점이 순간적으로 ON, OFF가 되는 것이 아니라 스위치를 넣은 지 수 초 후에 접점이 ON, OFF로 되도록 할 수 있습니다.

▲ 그림 6-20 타이머를 사용한 회로의 예

그림 6-20에서는 X001을 ON으로 하면 순간적으로 Y001이 ON이 되고, 동시에 타이머 T1이 작동되어 5초 후에는 Y002가 ON이 됩니다. 여기서 K의 수치는 타이머의 작동 시간을 나타내고 있는데, 여기서는 K50이 5초를 의미합니다.

5. 시퀀스 명령의 기본 | 215

또한 Y002가 ON이 되었을 때 Y001을 OFF로 하기 위해서는 그림 6-21처럼 Y001의 직전에 T1의 b접점을 입력해두어야 합니다.

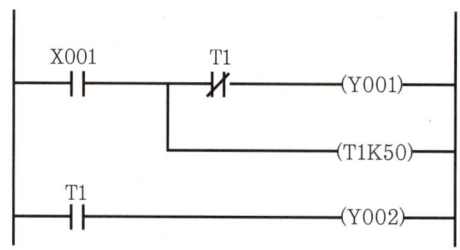

▲ 그림 6-21 b접점을 추가한 회로

타이머의 작동을 알기 쉽게 나타낸 것을 타임 차트(time chart)라고 하며, 가로축에 시간을 표시해 입력 기기와 출력 기기의 작동 상태를 나타냅니다.

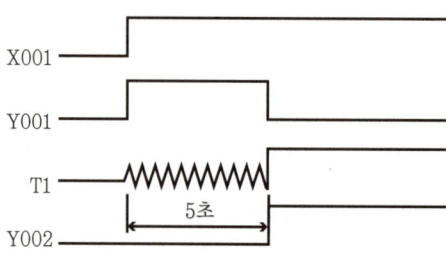

▲ 그림 6-22 타임 차트

제 · 6 · 장 · 4 · 학 · 년 · 수 · 업 · 견 · 학 · 하 · 기

# 6 시퀀스 제어의 실용 회로

 이제, 시퀀스 제어의 개요에 대해서는 이해할 수 있게 되었을 것이라고 생각해요. 다음은 응용한 예로 3개의 램프를 5초 간격으로 차례로 점등시키는 시퀀스도를 작성하여 실제로 시퀀서에 접속해보세요. 램프가 순서대로 모두 점등되도록 할 때 램프가 순서에 따라 모두 점등하는 것이 아니고, 다음 램프가 점등될 때에는 앞의 램프가 꺼지도록 해 주세요.

 자기 유지 회로와 타이머를 잘 조합하면 되겠군. 태훈아, 부탁해!

 이런, 함께 해야지.

 알고 있어. 하지만 네가 머리 회전이 빠른 것 같아서.

 그러니까, 입력 장치는 X001만으로 괜찮지. 그리고 출력 장치는 3개의 램프니까 각각 Y001, Y002, Y003라 하고, 타이머는 2개로 괜찮을지 모르겠네. 이런 식으로 하면 되지 않을까?

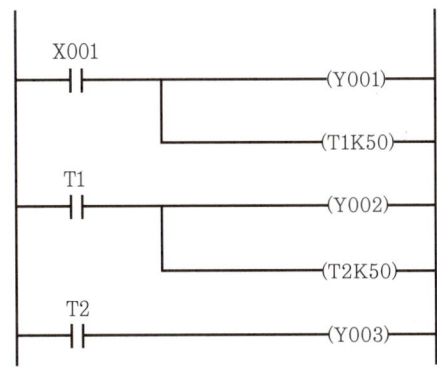

▲ 그림 6-23 태훈이가 작성한 프로그램

그럼 프로그램을 시퀀서에 전송해보자. 그것은 나도 기억하고 있거든.

 전송하는 것쯤은 누구라도 할 수 있어. 마우스로 클릭하기만 하면 되니까. 프로그램도 정확히 기억해둬.

 알고 있다니까. 그보다 빨리 프로그램을 작동시켜보자. 여기 RUN이라고 쓰여 있는 스위치를 ON으로 하고, X001의 스위치를 ON으로 하면 되는 거지?

 프로그램을 작성한 것은 나인데……. 뭐, 괜찮아. 스위치를 켜봐.

 태환이 X001의 스위치를 켜자 우선 Y001의 램프가 점등되었습니다. 타이머는 5초로 설정되어 있어서 5초 후에는 Y002의 램프가 점등될 것입니다.
 그리고 5초 후입니다. '찰칵'하는 소리가 나고 Y002의 램프가 점등되었습니다. 이어서 다시 5초 후에 Y003의 램프가 점등될 것입니다. 어떻게 될까요?
 ……5초 후입니다. '찰칵'하는 소리가 나고 Y003의 램프가 점등되었습니다.

 됐다~, 대성공~!

 성공이 아니야. 왜냐하면 다음 램프가 점등되었을 때, 앞의 램프가 꺼지지 않고 있었잖아. 다음 램프가 점등되면 앞의 램프는 꺼지지 않으면 안 되거든.

 그랬었지. 그럼 어떻게 해야 하지?

 b접점을 넣었으면 되었겠지.

 뭐~야~. 알고 있었잖아.

 네가 아나 모르나 테스트해본 거야. 제대로 기억해두지 않으면 곤란해.

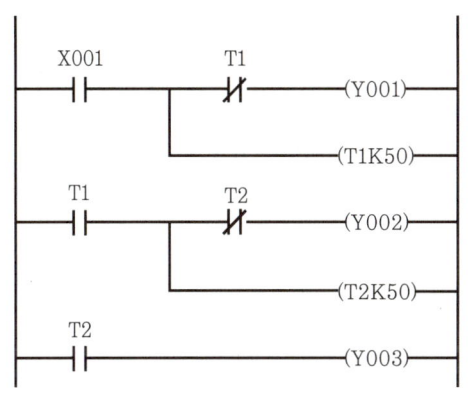

▲ 그림 6-24 개량한 프로그램

　그리고 b접점을 추가하여 완성한 것이 이 프로그램입니다. 이것으로 다음 램프가 점등되었을 때, 앞의 램프가 정확히 꺼지도록 개량되었습니다.

 완성~! 하지만 램프의 점등만으로는 뭔가 부족한데……. 로봇을 만들 것이라는 것을 염두에 두면 역시 모터를 제어할 수 있어야 해.

 오~ 벌써 다 만든 것 같은데.

 프로그램은 전부 제가 만들었습니다. 태환이는 스위치를 켜기만 했구요.

 모터의 회전은 내게 맡겨주세요! 하지만 교수님, 어떻게 하면 되나요?

 그렇다면, 이제 그것을 설명하지요. 자, 한번 앞을 보세요.
　램프를 점등시키는 실습에서는 출력 장치에 부착되어 있는 램프를 보고 있는 것뿐이었습니다. 만약 다른 꼬마전구를 가지고 있는 경우에는 그에 더해지는 전기의 공급도 이루어져야만 합니다. 즉, 여기 Y출력에 꼬마전구와 전지를 접속합니다. 이 출력 장치 부분을 자세히 보세요. COM이라고 쓰여진 부분이 있지요? 이것과 Y에서 나온 출력을 접속해야 하는 것입니다.

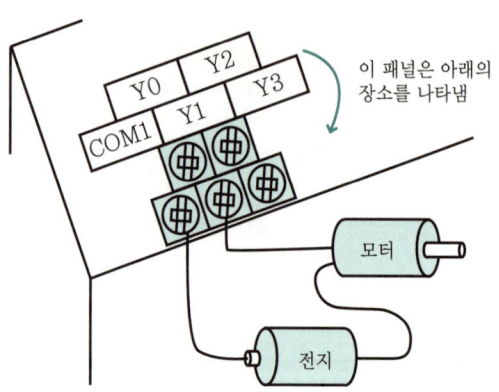

▲ 그림 6-25 시퀀서의 출력 장치

 꼬마전구라면 전지로 충분하지만, 이 전기 모터의 경우는 어떨까요? 이것은 정격이 12V인 직류 모터입니다. 보통 전지는 1.5V 직류이므로 이것을 8개 직류로 접속하면 12V가 됩니다.

그러나 일반적으로 그런 경우에는 이처럼 12V를 공급할 수 있는 스위칭 전원이나 가변식 직류 전원을 12V로 설정해서 사용해야 합니다. 물론, 전류 자체의 전기도 별도로 공급해야 한다는 것도 잊지 마세요.

 좋~아, 힘내자! Y1에는 모터 도선의 한쪽을, COM에는 스위칭 전원을 접속해서 스위칭 전원과 Y2를 접속하면 되는 거지?

 이번에는 척척 잘 하고 있네. 감동했어.

 됐다~. 이번에는 태훈이가 스위치를 켜봐.

 알았어. 스위치 켠다.

위-잉 하고 모터가 회전하기 시작했습니다. 하지만 모터 축에는 아무 것도 부착하지 않았기 때문에 그다지 회전하고 있다는 실감이 나지 않았습니다. 태환은 실망했습니다.

어떤가요? 단지 모터가 회전하는 것만으로는 재미없지요? 오늘 과제는 여기까지 하는 것으로 됐다고 생각하는데. 한 번에 로봇을 완성시킬 수는 없어요. 하나하나 기술을 익혀 나가는 것이 중요해요.

어떻게 해서든지 로봇이 움직이는 것을 보고 싶다면 이 로봇의 모터에 접속해보세요.

교수님은 타미야의 로봇 크래프트 시리즈 No.5 메가·기린(4족 보행 타입)을 가지고 오셨습니다. 이미 완성되어 있었습니다.

 여기의 모터에 접속하면 되겠네요. 해보겠습니다!

태환은 배선 작업을 척척 진행해 갔습니다. 로봇을 움직여보고 싶다는 간절함이 전신을 감싸고 있습니다. 눈 깜짝할 사이에 완성된 것 같습니다.

 벌써 다 된 것 같은데. 대단해, 멋져. 자, 움직여볼까?

 이번에는 내가 스위치를 켤 테니까, 괜찮지? 잘 보고 있어!

스위치를 켜자 모터가 돌아가기 시작하고, 기린 다리도 거의 동시에 움직이기 시작했습니다.

 걸었다, 걸었어!

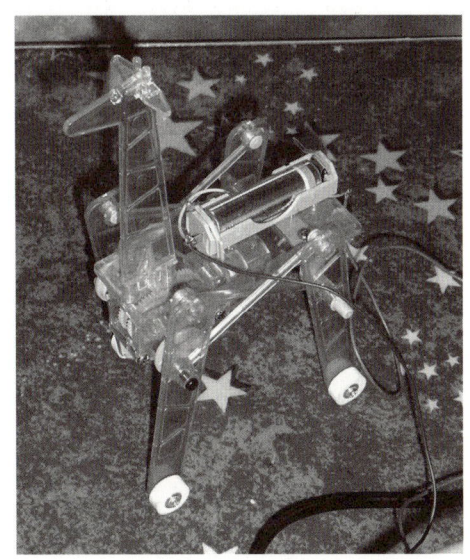

▲ 그림 6-26 4족 보행 메가·기린

## 칼럼
### 로봇 제작 학교의 유래

본교도 개교한 지 벌써 6년. 이윽고 첫 졸업생을 당당히 내보낼 수 있었다. 매년 더욱더 우수한 학생들이 입학하여 들어오므로, 우리 교직원 모두 기쁘게 생각하고 있다.

개교 당시에는 본교에 지원하는 학생이 거의 없어 애를 먹었던 일이 엊그제 같다. 하지만 최근 수년 간 로봇 붐은 엄청난 기세로 확대되고 있다. 여기 로봇 제작 학교 외에도 로봇학과라는 학교가 속속 생겨나고 있다. 본교도 처음으로 로봇이라는 이름이 붙여진 학교로서 더욱더 활발한 활동을 펼치고자 애쓰고 있다.

그런데 '로봇 제작 학교(ロボット 創造館)' 라는 이름이 어떻게 해서 붙여지게 되었는지를 여기서 처음으로 밝히고자 한다.

본교의 개교가 결정되기 얼마 전, 나는 후쿠시마 현에 있는 카이즈반교의 '일신관' 을 방문했다. 이 일신관은 1803년에 카이즈반의 자제학사로서 창설되어 '카이즈반의 훌륭한 인재 육성' 이라는 신념 아래 막후 말기에는 카이즈 백호대를 비롯하여 많은 인재를 배출하였다.

현재는 당시의 모습을 잘 알 수 있도록 복원되어 있는데, 그곳을 견학했을 때 무사로서의 마음가짐을 배우는 자세 등에 감명을 받았다. 덧붙여 일신관에는 '수련수마야' 라는 일본 최고의 수영장도 있어 튼튼한 신체를 육성하는 것도 중시하고 있다는 것을 알 수 있었다.

이것이 머릿속에 각인되어 있었기 때문에 로봇을 교육 과정의 중심에 놓은 학교 이름에는 이 '관' 이라는 글자를 사용할 것이라고 생각했던 것이다. 그리고 교정 내의 건물 배치 등도 일률적으로 고층화하지 않고 학생들이 서로 얼굴을 마주하면서 평면적으로 걸어서 이동할 수 있도록 배려하기도 했다. 그로 인해, 내 머릿속에서는 '관' 이라는 글자뿐만 아니라 건물 자체도 그 카이즈반교 일신관과 오버랩되었던 것이다.

본문 중에서도 몇 번인가 나왔다고 생각되는데, '로봇 창조는 사람 창조' 라는 것으로, 어디까지나 중심은 로봇이 아니라 인간 상호간의 연결인 것이다. 학생들의 모습을 보고 있으면 우리가 일부러 말하지 않아도 알고 있는 것처럼 그러한 때의 로봇 제작 학교 학생들의 표정이 그 일신관의 젊은이들과 오버랩되어 보이는 것이다.

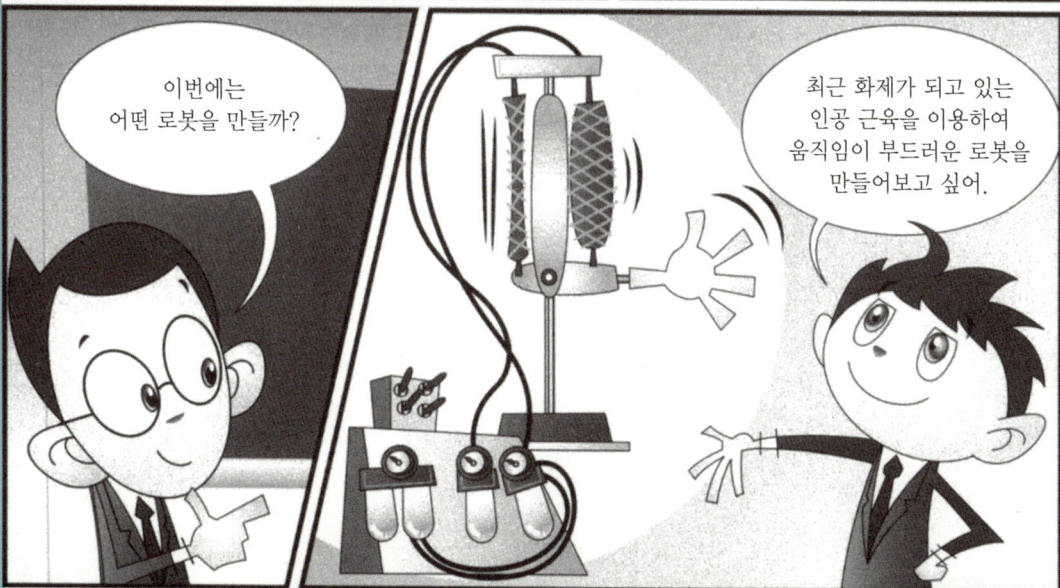

# 찾아보기

## 영문·숫자

| | |
|---|---|
| 6P 스위치 | 41 |
| a 접점(接点) | 214 |
| AND 회로 | 214 |
| b 접점(接点) | 214 |
| CAD | 167 |
| M | 15 |
| NC | 155 |
| NC 터릿 펀치 프레스 | 155 |
| NC 프레스기 | 141 |
| OR 회로 | 214 |
| PC | 209 |

## ㄱ

| | |
|---|---|
| 가는 나사 | 86 |
| 감속 장치 | 25 |
| 감압 밸브 | 198 |
| 공기압(空氣壓) 실린더 | 201 |
| 공기압(空氣壓) 조정 유닛 | 199 |
| 공기압축기 | 195 |
| 굽힘 가공 | 150 |
| 굽힘 응력 | 150 |
| 기어 박스 | 13 |
| 끼워 맞춤 | 169 |

## ㄴ

| | |
|---|---|
| 나사 | 83 |
| 나사 호칭 | 86 |
| 냄비머리 나사 | 88 |

## ㄷ

| | |
|---|---|
| 다이스(die, dies) | 142 |
| 동보행(動步行) | 159 |
| 두랄루민(Duralumin) | 91 |
| 둥근 접시머리 나사 | 88 |
| 드릴(drill) | 164 |

## ㄹ

| | |
|---|---|
| 라인 트레이스(line trace) | 110 |
| 레이디얼 볼반(radial drilling machine) | 140 |
| 로커 스위치(locker switch) | 42 |
| 루브리케이터(lubricator) | 198 |
| 링크(link) 기구 | 31 |
| 링크(link) 봉 | 14 |

## ㅁ

| | |
|---|---|
| 마이크로미터(micrometer) | 83, 98 |
| 매니폴드(manifold) | 204 |
| 머시닝 센터(machining center) | 163 |

| | |
|---|---|
| 먹줄펜 | 137 |
| 무한궤도 | 19 |
| 미터 보통 나사 | 86 |

## ㅂ

| | |
|---|---|
| 바이트(bite) | 164 |
| 발로 밟는 절단기 | 38, 138 |
| 발로 밟는 프레스 | 147 |
| 버(burr) | 138 |
| 베어링 | 37 |
| 볼반(Bohr盤 : drilling machine) | 139, 164 |

## ㅅ

| | |
|---|---|
| 삼각 나사 | 86 |
| 삼각법(三角法) | 16 |
| 서보 모터(servo moter) | 134 |
| 서보 브래킷(servo bracket) | 159 |
| 선반(旋盤) | 164 |
| 선반 가공 | 164 |
| 소성(塑性) | 151 |
| 속도 조절 밸브 | 207 |
| 쇠자 | 137 |
| 쇼트(short : 短絡) | 51 |
| 수나사 | 86 |
| 수동 굽힘기 | 149 |
| 수동 제어(手動制御) | 210 |
| 스위치 | 12, 42 |
| 스프로킷(sprocket) | 20 |
| 스프링백(springback) | 150 |
| 시어링(shearing) | 138 |
| 시퀀서(sequencer) | 209 |
| 시퀀스도(sequence圖) | 214 |
| 시퀀스 제어 | 210 |
| 십자형(十字形) | 88 |

## ㅇ

| | |
|---|---|
| 알루미늄(aluminium) | 91 |
| 암나사 | 86 |
| 압력(壓力) | 196 |
| 압력계(壓力計) | 197 |
| 에어 컴프레서(air compressor) | 195 |
| 엔드밀(end mill) | 172 |
| 여유(餘裕) | 169 |
| 육각 렌치 | 28, 88 |
| 육각 플랜지 나사 | 88 |
| 윤활제(潤滑劑) | 28 |
| 이족 보행(二足步行) 로봇 | 159 |
| 입력 장치(入力裝置) | 212 |

## ㅈ

| | |
|---|---|
| 자기 유지 회로(自己維持回路) | 215 |
| 자동 제어(自動制御) | 210 |
| 전기 모터 | 13 |
| 전자 밸브 | 204, 208 |
| 전축수(轉軸受) | 37 |
| 절삭 가공(切削加工) | 164 |
| 접속기(接續器) | 199 |
| 접시머리 나사 | 88 |
| 정격 전압(定格電壓) | 26 |
| 정면 프레이즈 | 164 |
| 정보행(靜步行) | 159 |
| 제어(制御) | 208 |
| 종프레이즈반 | 164 |
| 주속도(周速度) | 23 |

| | |
|---|---|
| 질량(質量) | 196 |

## ㅊ

| | |
|---|---|
| 채널(channel) | 12 |
| 초두랄민(超Duralumin) | 91 |
| 초초두랄민(超超 Duralumin) | 91 |
| 축(軸) | 36 |
| 출력 장치(出力裝置) | 212 |

## ㅋ

| | |
|---|---|
| 캘리퍼(caliper) | 83, 97 |
| 캠 기구 | 32, 80 |
| 커플링 | 36 |
| 컨트롤러(controller) | 12, 41 |
| 크랭크 기구 | 80 |

## ㅌ

| | |
|---|---|
| 타이머(timer) | 215 |
| 타이어(tire) | 22 |
| 타임 차트(time chart) | 216 |
| 탁상 볼반 | 139 |
| 탄성(彈性) | 150 |
| 터미널 단자(terminal 端子) | 40 |
| 토글 스위치(toggle switch) | 41 |

| | |
|---|---|
| 토크(torque) | 25 |
| 툴 홀더(tool holder) | 165 |
| 틈새(간극) | 169 |
| 티탄(Titan) | 93 |

## ㅍ

| | |
|---|---|
| 펀치(punch) | 142 |
| 평프레이즈 | 164 |
| 표면 거칠기 | 170 |
| 푸시 버튼 스위치(push button switch) | 42 |
| 프레스 가공 | 142 |
| 프레스 브레이크(press brake) | 156 |
| 프레이즈(fraise) | 164 |
| 프레이즈반(fraise盤) | 164 |
| 피드백(feedback) 제어 | 210 |
| 피치(pitch) | 86 |
| 필터(filter) | 198 |

## ㅎ

| | |
|---|---|
| 허용차(許容差) | 169 |
| 회전력(回轉力) | 26 |
| 횡프레이즈반 | 164 |
| 힘 | 196 |

로봇제작학교 : 로봇 만들기 www.cyber.co.kr

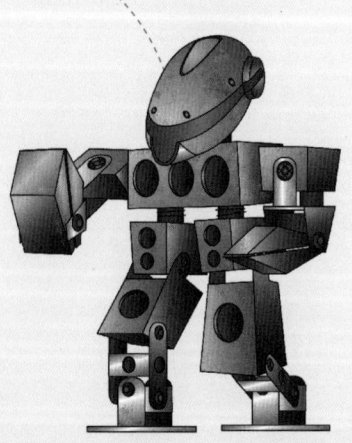

## 저자 약력

**Kadota Kazuo(門田 和雄)**
1991년 도쿄학예대학 교육학부 기술과 졸업
1993년 도쿄학예대학 대학원 교육연구과 기술교육전공(석사과정) 수료
현) 도쿄공학대학 부속 과학기술고등학교 기계시스템분야 교사, 치바대학·게이오대학 강사

저서 「新しい機械の教科書」オーム社, 2004
「繪ときでわかる機械力學」オーム社, 2005

## 역자 약력

**홍선학**
광운대학교 전기공학과 공학박사
임베디드 및 로봇 분야 연구
현) 서일대학 컴퓨터전자과 교수

# 로봇 제작학교
### 로봇 만들기

2010. 6. 30 초판 1쇄 인쇄
2010. 7. 7 초판 1쇄 발행

지은이 | Kadota Kazuo(門田 和雄)
그림 | Nakanishi Takahiro(中西 隆浩)
옮긴이 | 홍선학
펴낸이 | 이종춘
기획 | 황철규
진행 | 이용화
교정·교열 | 김연숙, 이태원, 이은정
편집 | 김인환
표지 | 정희선
제작 | 구본철
펴낸곳 | BM 성안당
주소 | 경기도 파주시 교하읍 문발리 출판문화정보산업단지 536-3
전화 | 031) 955-0511
팩스 | 031) 955-0510
등록 | 1973.2.1 제13-12호
독자 상담 서비스 | 080-544-0511
출판사 홈페이지 | www.cyber.co.kr

ISBN | 978-89-315-0698-3 (93550)
정가 | 15,000원

검인

이 책의 어느 부분도 저작권자나 BM 성안당 발행인의 승인 문서 없이 일부 또는 전부를 사진 복사나 디스크 복사 및 기타 정보 재생 시스템을 비롯하여 현재 알려지거나 향후 발명될 어떤 전기적, 기계적 또는 다른 수단을 통해 복사하거나 재생하거나 이용할 수 없음.

※ 잘못된 책은 바꾸어 드립니다.